①渡名喜島北東側のサンゴ礁でタコ採り（?）をする老人（1989年9月撮影）

②整備される前の渡名喜港に集う島人たち（1987年3月撮影）

③フクギの樹林の中に沈み込むように赤瓦の家々が並んだ渡名喜集落の家並み（1987年2月撮影）

渡名喜島①
国土地理院（1977年11月24日撮影，COK-77-02-005-3）

渡名喜島②
国土地理院（1977年11月24日撮影，COK-77-02-005-5）

④ソーンジャキ（ヒンプン）だけが残る屋敷跡（2012 年 10 月撮影）
･･･ こういった空き屋敷も増えてきた .

⑤島の「美よう室」（2012 年 10 月撮影）
･･･ 顧客はどれくらいいるのだろうか？

渡名喜島

地割制と歴史的集落景観の保全

中俣　均

［叢書・沖縄を知る］
法政大学沖縄文化研究所監修

古今書院

目次

「渡名喜島は慶良間の西北に在り、那覇を去ること二十九海里半、周囲二里八丁、人家六十五戸、住民八百七十九人あり、島民耕作に従事すと雖も、全島至る処丘陵重畳し、平地少きを以て著しき産物なし」

田山花袋（１９０１）『日本名勝地誌　第11編　琉球之部』（博文館）１４５頁より

「粟国から渡名喜に渡った私が、先づ何よりも強く感じさせられたことは、前者に比べて変化にとんだ而も明るい自然であった。自然が明るく、なつかしみを感じさせるばかりでなく、島人は只一人、上陸して来た未知の旅人に対して、いとも暖かいなつかしみのある感じを豊かに与えてくれた。私は何だか笑のない国から笑の国に漂着した様にさえ感じた。…渡名喜はハブの多い島だと幾度となく聞かされていた旅人には、又凡そ正反対な第一印象を先づ島と島人に対して感じた。」

河村只雄（１９４２）『続　南方文化の探求』（創元社）（引用は１９７４年の沖縄文教出版社からの復刻版、１２１~１２２頁）より

第1章　渡名喜島へ

休日の光景（1989年9月撮影）
道端で遊ぶ元気な子どもたち．今も島で暮らしているだろうか？

1　渡名喜島を知る

渡名喜島という島が沖縄にあることを、本書の著者は１９８６年のたぶん夏から秋ごろまで、自覚的には知らなかった。法政大学着任３年目のこの年、幸運にも故・小川徹先生（当時駒澤大学教授で法政大学沖縄文化研究所の客員所員でもあった）の御尽力により、著者も同研究所の兼担所員に就いたばかりだった。初めて沖縄に足を踏み入れたのは、本部半島で沖縄海洋博覧会が開催された１９７５年のことで、月並みながらヤマトとの文化の違いにすっかり魅了されて、その後沖縄には毎年のように出かけるようになっていた。沖縄本島だけでなく、宮古や八重山《やえやま》にも、また本島周辺のいくつかの離島にも足を延ばしていたが、しかしその時はまだ著者の視野には渡名喜島は入っていなかったのである。

ちょうどその１９８６年から、沖縄文化研究所（以下、「沖文研」と略す）では私学振興財団からの補助を受けて、３年間の計画で渡名喜島の総合調査を行なうことになっていた。新米所員の著者も、さっそくその調査団に加わることになり、それで初めて渡名喜島の存在を明確に知ったのだった。

それまで知らなかった新しい島に行けることは、とてもうれしいことだった。とはいえ、何をテー

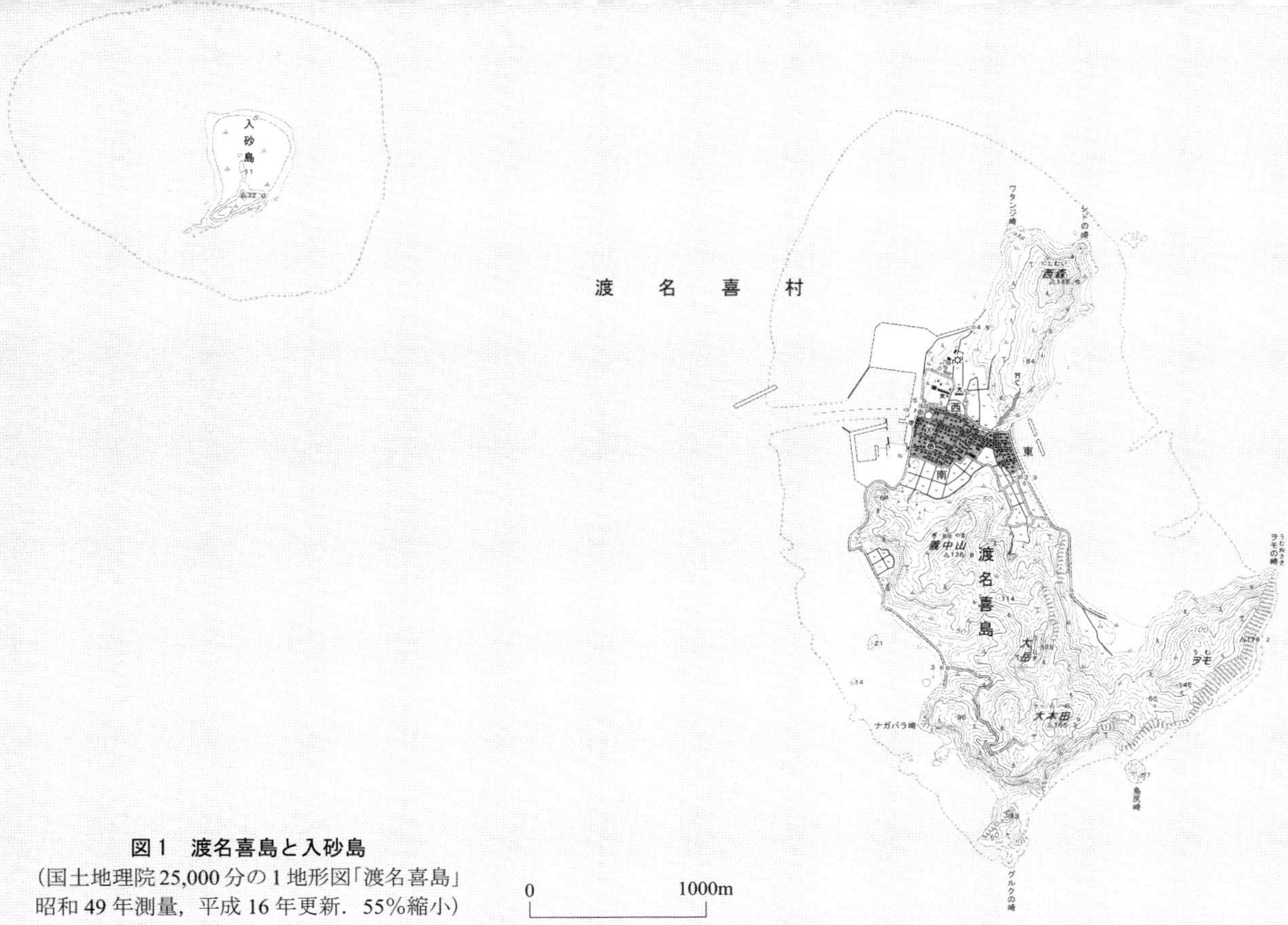

図 1　渡名喜島と入砂島
（国土地理院 25,000 分の 1 地形図「渡名喜島」
昭和 49 年測量，平成 16 年更新．55%縮小）

マにして渡名喜島で調査を行なったらよいのか、明確に意図できるほど著者の問題関心はまだ定まってはいなかった。ただただ、小川先生の直接の謦咳《けいがい》に触れて仕事ができることへの期待感に胸をふくらませていただけである。本土復帰前からの沖縄本島旧羽地村《はねじそん》(現名護市)や、沖文研プロジェクトでの久米島《くめじま》や久高島《くだかじま》でなされたような、小川流のフィールドワークと文書史料を駆使した緻密としかいいようのない地域調査のやり方を、お手本を目の前にして勉強したいと思ったのだった。

たぶん夏か秋、と書いたのは、そのころ行なわれた何度目かの調査チームの打ち合わせのとき、小川先生が2枚の航空写真を持参されたことだけをよく覚えているからである。それが本書巻頭に載せた航空写真で、これを見てまず目にとまったのは、エメラルド・グリーンのサンゴ礁の海であり、渡名喜の集落を取り巻いて文字通り短冊状に区分けされた耕作地の規則的な広がりだった。とくに後者の短冊状耕地は、一筆一筆が不自然なまでに細長く、それらが集落を取り巻くようにモザイク状に配置されている。それはまさに、芸術品のようだった。

沖文研では渡名喜島総合調査の前、1982年から3年間、同じく私学振興財団からの補助と法政大学からの助成金を加えて、沖縄本島南東部の久高島の総合調査を行なっていた。小川先生はその調査に加わって、久高島の地割《じわり》制度の実態解明を担当され、その成果を詳細に報告書に発表していた。そして、久高島で検討した内容を、後に述べるように久高島以上に地割制度の遺構が残存している渡名喜島で、さらに発展させて…と考えていたのだと思う。おそらく、航空写真はそのための材料なのだった。

写真1　地割遺構の残る島（1987年2月撮影）
一筆の大きさを，耕している人の大きさと比べて感じてほしい．

しかし、そのときすでに70歳を超えていた小川先生は、体調のこともあって結局、渡名喜島にはおもむくことができなかった。一緒に現地で勉強させてもらいたいという著者の念願は、結局はかなわなかったのであるが、先生の意思をくむならば、渡名喜島での調査は必然的に、そこに厳然と残る地割の景観にもとづいたことをテーマとする以外に考えられない。「地割」ということばはもちろん、土地制度のありかたについてほとんど何も知らなかった著者に、小川先生はそのテーマを、もちろん意図されたことではなかっただろうが、与えられたのである。

このようにして著者は、まず渡名喜島についての情報収集と、沖縄の「地割制度」についての勉強から始めることになった。学期中は忙しいので、渡島するのは翌年2月の春休みまで待たなければならなかったが、主にいろいろな文献を読みながら、未知の土地に行くための準備をするのは、とても楽しい時間だった。

2　沖縄の「地割制度」

著者が専門とする人文地理学の分野では、「地割」とは文字通り「地面を割る」、つまり土地をなんらかの形に区画することを意味する。『地理学辞典』を引いてみると、「土地所有を明確にし、地目・地番などを明らかにするための土地区画をいう。土地割ともいい、宅地割・耕地割・道路割などを含む…」とあり、近世の新田集落にみられたような整然とした短冊状の耕地割や、北海道の屯田兵村の格子状の土地割などの例が挙げられている。また、大きな河川の河川敷のように、洪水が起きるとその土地の存在自体が雲散霧消してしまうようなところを耕地として活用する場合、土地の所有権自体がある意味で架空のものであるため、慣行的に集団ないし個人が土地を区画して耕作を行なうことがあったが、そうした場合に地割が実施されることもあった。むろん、区画するには意図があるわけだから、地割を研究する際にはその意図、つまり社会的・法的な「土地制度」としての側面を含んで、考えなくてはいけないことになる。

では、沖縄の「地割制度」とはいったいどのようなものなのだろうか。これについては、沖縄の土地制度史研究の泰斗であった山本弘文が、つぎのように簡明に説明している。

「１８９９〜１９０３年（明治32〜36）の土地整理事業によって廃止された、耕地その他の土地の割替制度」（沖縄大百科事典刊行事務局（１９８３㈠）：４７２）

「奄美諸島から先島諸島にいたる南島の島々は、琉球石灰岩の風化した保水力・保肥力の弱い土壌と、頻繁な台風・旱魃・津波などの災害のため、長い間農業の発展を阻まれてきた。そのため個別農民の営農力も弱く、田畠や山林・原野などの総有（持ち分を定めない集落総体の所有）や協同労働、御嶽《うたき》を中心とした神祭りなどの共同体的結合が、集落と住民生活を支える柱となってきた。このような田畠その他の総有制は、その利用についても、構成員への平等な配当と、定時あるいは臨時の配当替（割替）を伴った。その結果、奄美大島以南の南西諸島では、ごく一部の例外を除いて、村や間切（数か村を含む基軸的な行政区）ごとの田畠その他の割替が、古くから行われたのであった。…」（山本（１９９９）：２１８）

この説明では、「地割制度」をもっぱら耕地の「総有《そうゆう》」、つまり村の住民全体で所有するという側面からとらえている。富裕ではないが平等を貴ぶうるわしい制度だというわけである。しかし「地割」には、実はもう一つの側面がある。それは、ほかならぬ「耕地を短冊状に区切ったようす」のことである。本書冒頭の口絵の航空写真と写真１をもう一度見ていただきたい。もっとも細長い畑は、長辺およそ50メートル、短辺およそ5メートルの短冊形であり、それらがモザイク状に連なっているのがわかるであろう。したがってこちらは、畑地景観としての「地割」のことを指す。

考えてみれば、「地割制度」を施行することと畑を短冊状に区分することとは、必然的に結びつくものではない。しかし、「地割制度」のもともとの趣旨でもある平等性を確保するためには、一定の大きさの土地区画を大量にこしらえてそれを分配するのが有効であり、そうした結果として生み出された景観が「地割」なのであった。本書ではこれを「地割耕地」、あるいは「地割遺構」と呼ぶことにする。

一方、１９０３年までに廃止されたはずの「地割制度」なのに、なぜ渡名喜島に地割遺構が残されているのかということは、当然ながらまっさきに疑問として浮かんだ。著者が初めて渡名喜島を訪れた１９８７年２月の時点で、沖縄の島々で確かにこの地割遺構が景観として残っていたのは、沖縄本島南東部沖にある久高島とこの渡名喜島のみであった。久高島の北にある津堅島《つけんじま》でも、１９７６年まで地割遺構がほぼ旧態のまま残っていたらしいが、この年に農業基盤整備が実施されることになり、歴史学者の安良城《あらき》盛昭や人文地理学者の仲松弥秀らの手による精密な調査報告書（沖縄県教育委員会（１９７７））を残すことはできたものの、地割遺構は「破壊」されてしまった。

同調査報告書によれば、津堅島の地割遺構は、渡名喜島と同じように長辺およそ50メートル、短辺およそ5メートルの短冊形のものが多く、おそらく渡名喜島の地割遺構とよく似た景観が存在していたものと思われる。現在この津堅島はニンジンの産地として知られており、区画の広くなった畑で、かなりの規模でニンジンが栽培されている。

一方、久高島の地割遺構は渡名喜・津堅両島の一筆よりもかなり小さく、「長さはほとんどが20メートル内外、あるいはそれ以下で、幅は広くても5メートル程度、最も狭いものは1メートルを僅かに超える程度で、2メートル内外のものが多い」（小川（1985）：8）という。したがって、久高島における地割耕地は、沖縄全体の中でもかなり特異な小規模さであったと思われる。

こうした意味で、渡名喜島の地割遺構は、当時の沖縄の中でわずかに残る学術的にたいへん貴重なものだったのである。

3　渡名喜島へ

1987年2月。卒業論文の面接試験が終わり、間をおかず入学試験が始まるというスケジュールの中、まずは現地に挨拶を、ということで久々に沖縄へ飛んだ。一番の目的は、渡名喜島への初上陸（！）に先立って、那覇で仲松弥秀先生（元琉球大学教授、民俗地理学者）にお目にかかることだった。

弥秀先生は、それまで渡名喜へ何回も足を運ばれ、大部の『渡名喜村史』にも寄稿されていた。それで、渡名喜島調査のことをお話しし、初めての地で地割制度について調べるとして、何か注意すべきことはあるだろうか、ぜひご教示いただけないかと、ぶしつけにも当方からお願いしたのである。小川先生とは旧知の仲、どころか文字通り肝胆相照らす中で、そのためであろう、わざわざ時間をさいてくださることを快諾され、那覇の松尾にあった八汐荘《やしおそう》を指定された。国際通りから細い道を少し入ったところにある八汐荘は、沖縄県教職員共済会の施設で、本土復帰のシンボル的存在のところだった。２０１３年春、老朽化で建て替えのため取り壊されたと知ったのは、つい最近のことである。

2月11日の休日、八汐荘で初めて対面した先生は、小柄な方だった。70歳をとうに過ぎたはずの先生は、すでに琉球大学は定年で退職されていたが、著名な健脚は相変わらずで、その日も浦添の前田にある御自宅から歩いて（！）こられた。八汐荘までたっぷり1時間はかかったのではないだろうか。健康の秘訣は一日二食（いや一食だったかもしれない）とおっしゃった。

名著として知られる『神と村』や『古層の村』は、著者にとって沖縄に関心をもちはじめた大学院生時代の愛読書だった。その著者を前にしては、若輩は緊張せざるをえない。先生は、渡名喜島の地割制度については、研究対象として新知見が得られる可能性はお持ちでないようで、むしろ地

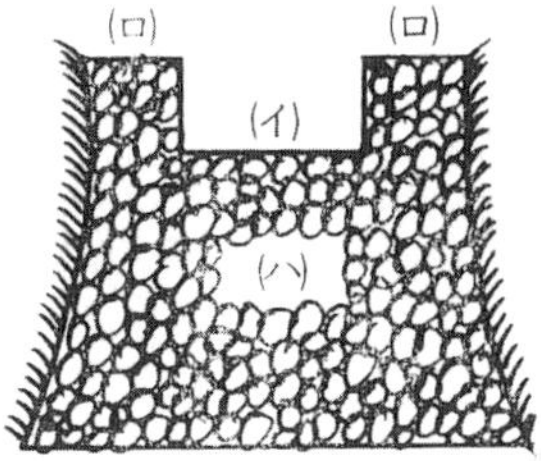

図2　カーラの断面図
渡名喜村史編集委員会（1983a）: 665.

写真2　カーラ①（1987年2月撮影）
ギチュー山から集落方向にいたるカーラ.

割遺構をどのように保存するかが大切だ、と熱弁をふるわれた。とくに、ギチュー山から集落に向かって流れ下る「カーラ」という人工水路の保存を、ということだった。

そういわれても、まだまったく土地勘のない著者には実感がもてない。渡名喜島でも、すでに地割遺構の畑地を土地改良する話が持ち上がっており、それを先生はご存じだったのだろう。それが意味するところを知るのは、島に渡ってからのことになる。新知見が得られる可能性は低いというのには少々がっかりしたものの、緊張と興奮はそのことの意味をあまり自覚させないほどのものだった。辞去するとき、ハブが多い島だから気をつけなさいよ、と最後におっしゃったのがいまでも耳に残っている。

「カーラ」というのは、断面が図2のような水路のことである（写真2、写真

写真3　カーラ②（1987年2月撮影）
字大道付近．並べ置かれたコンクリート板の下を，水が手前側から向こう側に向かって流れる．

３も参照）。渡名喜島の耕地は主に砂質土で、水持ちが悪いためしばしば旱ばつの被害にあうことが多かった一方で、「高い山から急な斜面を流れ落ちる雨水は…鉄砲水となってこの砂地の畑をえぐり、淵をつくり、肥沃な表土を運び去り、作物をおし流すことが毎年のように繰り返されていた。その被害に堪えかねた村人たちは一作を案じてこの水を水路を通して徐々に遠くまで引き、その末は開いていて水の勢いの弱まる下手は自然に山から運んできた粘土をそこらの畑に分散して注ぐようになるので、鉄砲水の被害をくい止め、原始的な土地改良にもなるという一石二鳥の効果をねらったもの」（渡名喜村史編集委員会（１９８３ａ）：６６５）だという。

沖縄の農業は、とくに近世まではもっぱら天水に頼っており、そうした時代にあって渡名喜島では、農民たちが自ら築いた用水路が機能していたことになる。その工夫の跡をこわすことなく保存することの重要性を、弥秀先生は訴えられたのだった。

こうして、少しずつ渡名喜島へと渡る下準備を進めていった。といえばいささか聞こえはいいが、なに、いま思い返してみると、不安感が先だって、本丸に飛び込むのをためらっていただけのことのように思える。しかし、そうしたプロセスもまた、フィールドワークに出かける時にはありがちな一幕なのだと、後に何度も気づかされることになる。

写真４　ターマタ（1989年９月撮影）
船上から遠望した渡名喜集落．二つの島にはさまれたようなところに集落が立地しているので，『おもろさうし』には「ターマタ（二股）」という呼び方が，島の別称として載っているという．

さて、こんな経過で、ようやく初めて渡名喜島に足を踏み入れたのは１９８７年の２月12日のことだった。いまと同じく那覇市の泊《とまり》港から、ただし泊港のターミナルはまだいまのような立派なビルになる前だったが、久米島行きのフェリーに乗りこんだ。このフェリーが久米島に向かう途中で渡名喜島に立ち寄るのである。泊港から渡名喜港まで、いまよりも30分ほど多く時間を要したように記憶している。

写真５　改築前の旧渡名喜村役場（1989年9月撮影）

さいわい海は穏やかだった。渡名喜の島影が見え始めると、少しだけ胸騒ぎがした。サンゴ礁を掘りこんで作られた海中の道を通って、島の東側にある渡名喜港に着く。船を降りて島に立つと、港のすぐ向かい側に、まだ改築前の渡名喜村役場があった。港の周辺は島の玄関口でもあり、島の中では賑わいのあるところだろうと思っていたが、ざっと見渡す限り近代的な建物は、まだ建設中の診療所一つだけで、ほかは潮風をうけてくすんだ灰色に見える建物ばかりだった。那覇の街とは大違いで、少し心細さをおぼえるほどだった。

心細かったのは、無鉄砲にも島で泊まる宿を予約していなかったためでもある。いくら暖かい沖縄とはいえ、冬の時期に、沖縄の、本島ではない小さな島に押し寄せる観光客もいないであろうと思っていた。だから、集落は一カ所にかたまって家々があるので、歩いているうちにどこか宿は見つけられるだろうと高をくくっていたのである。ところが、民宿が二軒しかないことは調べてあったのだが、集落のなかにあるはずの一軒がなかなか見つからない。歩いている途中でその民宿の場所を島の人にたずね、ようやくたどり着いて一安心した。一階が、日用品やら食料品やらを売っている小さな商店で、その建物の二階が民宿になっていた。後でよく見たら、小さな看板があったのだが、歩きながら探している時には目に入らなかった。ともかく、ホッとして宿に荷物をおろし、さっそくどこか高い所からこの島の地割遺構を見おろしてみようと出かけた。

このあたりで、渡名喜という島についてそのおおよそを説明しておこう。

この島での人々の居住は、およそ３５００年前までさかのぼることができるという。沖縄の考古学的編年でいう貝塚時代にあたる。主たる遺跡は、島北端の西森《にしむい》から現在の集落があるあたりに集中していて、とくに西森の最高標高地点から南側へ続く山並みの南端、現在「里宮《さとみや》」（本書第３章の扉写真参照）と呼ばれる拝所のあるところは、発掘調査の結果から、貝塚時代からグスク時代へと移るころ（10～11世紀）の集落跡だとされている。琉球王国の時代は、中国（明）への進貢船《しんこうせん》のルート上にあった島である。

『渡名喜島村史　上巻』によると、17世紀中ごろに成立した『琉球国高究帳《たかきわめちょう》』に、「戸無島一高頭四拾五石壱斗　内田方壱石弐斗六升弐合六勺壱才　畑方四拾三石八斗三升七合三勺九才」（渡名喜村史編集委員会（１９８３ａ）：１００）という記述がある。「戸無島」は「となき島」つまり渡名喜島のことで、この表記はいまでもしばしば渡名喜島を、「戸無き」、つまり家に戸が必要ないほど平和で犯罪のない島だと評するときに用いられる。田と畑の石高（名目生産額）からは、この時代の「石」という単位の絶対量は不明だが、少なくとも田と畑の石高の大きな違いは読み取れる。つまり、畑の名目生産額が田のそれに比べて圧倒的に多く、40倍近い。コメはほとんど作れなかったことがわかる。

面積は3・46平方キロというから、東京ドーム80個分ほどの広さである。皇居の2・5倍といってもよい。周囲約10キロは、東京のＪＲ中央線でいうと、東京駅から新宿までの距離にほぼ等しい。沖縄本島の那覇市の西の海上約60キロメートルの、東シナ海上に浮かぶ小さな島である。行政的には沖縄県島尻郡《しまじりぐん》に属している。同島西方4キロの海上にある無人島の入砂島《いりすなじま》（出砂島とも記されることがある。沖縄で生まれ育った言語学者の中本正智《まさちえ》によれば、本来は「西《いり》」にある砂島という意味で西砂島と書くべきだという。面積0・26平方キロ。一方、先の「島北端の西森」の「西」は、方角の「西《にし》」ではなく、沖縄のことばでいう「ニシ」、つまり方角としては「北」のことである。ややこしく感じられるのは、もともとの沖縄のことばに後で漢字をあてはめた、その漢字の意味に引っぱられているからである。）とともに沖縄県島尻郡渡名喜村という一自治体を形成している。

後に詳しく述べるが、沖縄の島々の中では現在、この渡名喜島と八重山の竹富島《たけとみじま》とが、国の重要伝統的建造物群保存地区に指定されている。その竹富島との比較でいうと、面積は竹富島が１・５倍の大きさだが、人口は渡名喜島のほうが２割ほど多い。

写真６　入砂島の遠望（2012年10月撮影）
渡名喜港から西側を望む．防波堤の向こうに見えるのが入砂島．

渡名喜島は、沖縄本島周辺にある数多い離島の中では、面積としてはそれほど小さいほうではないし、海上で隣り合っている久米島や粟国島《あぐにじま》よりも、距離的には沖縄本島に近い位置にある。しかし、交通上の結びつきという点では、久米島や粟国島のように那覇空港との航空路をもってはおらず、また沖縄本島北西部沖にある伊平屋島《いへやじま》や伊是名島《いぜなじま》のように、本島との間に村営航路などの独自の航路が開かれて、毎日複数の船便が往復しているわけでもない。通常は日に１便だけ、那覇市の泊港と久米島の間を往復する久米商船の中型フェリーが、途中で渡名喜港に立ち寄るのみである。しかも近年の久米島航路における船舶の大

人口・世帯の推移

昭和60年（1985）	平成2年（1990）	平成7年（1995）	平成12年（2000）	平成17年（2005）	平成22年（2010）
529	560	616	523	531	452
242 45.7	279 49.8	367 59.6	308 58.9	324 61	263 58.2
287 54.3	281 50.2	249 40.4	215 41.1	207 39	189 41.8
169 31.9	177 31.6	183 29.7	173 33.1	165 31.1	151 33.4
270 51	279 49.8	337 54.7	283 54.1	303 57.1	266 58.8
90 17	104 18.6	96 15.6	67 12.8	63 11.9	35 7.7
220 2.4	241 2.3	307 2	256 2	287 1.9	246 1.8

型化に島の港湾整備が追いつかず、たとえば台風がやってくるときのように、少しばかり風が出て海がしけると、欠航あるいは「抜港《ばっこう》」（船は運航されても、渡名喜島には寄港しないこと）が生じる。そうなると、強い風はふつう一日でおさまることはないので、数日間も文字通りの孤島と化してしまうことになる（以上は、１９９０年前後の時点のデータである）。

のちに著者もまさにこうしたことをみずから経験することになるのだが、今日こそは船が着くかと埠頭に出て沖を見ると、空は青く晴れ渡っていてはっきりと船影が見えるのにもかかわらず、船は港に入ってこない。そんな日が３〜４日も続くと、なんともやるせない心もちになってくる。こう

表1　渡名喜村の

		昭和40年（1965）	昭和45年（1970）	昭和50年（1975）	昭和55年（1980）
人口（人）		1,247	1,004	721	609
	男（人）	577	493	330	287
	（%）	46.3	49.1	45.8	47.1
	女（人）	670	511	391	322
	（%）	53.7	50.9	54.2	52.9
老齢人口（人）		130	160	164	170
65歳以上（%）		10,4	15.9	22.7	27.9
生産人口（人）		517	478	336	313
15-64歳（%）		41.5	47.6	46,6	51.4
年少人口（人）		600	366	221	126
0-14歳（%）		48.1	36.5	30.7	20.7
世帯数		274	265	232	235
世帯当り人員（人）		4.6	3.8	3.1	2.6

出典）沖縄県渡名喜村（2012）：98.

したことから渡名喜島は、沖縄本島の近くにありながら、俗に「本島から最も遠い島」だとしばしばいわれるのである。

たとえば役場の職員が那覇での会議に出席するとしよう。島から那覇へ渡るフェリーは、ふだんは、当時もいまも午前中10時過ぎ発の1便しかないから、会議が朝9時から始まるとすると、その職員は前日のうちに那覇に出向いておかなくてはならない。那覇には昼過ぎに着くが、その日はただ翌日の会議を待つだけの日になる。午後から始まる会議であれば、当日の朝に島を発てば間に合うけれど、帰りの船はもうその日にはないから、翌日朝に那覇の泊港を出るフェリーまで待たなくてはいけない。午前中の会議だと、たとえそれが2〜3時間の予定であっても、職員にとっては結局、前日に島を発って翌日に会議をこなし、翌々日に島に帰るという2泊3日の行程になるわけである。

島の、すなわち村の人口は、1988年10月末の住民登録でみると576人であった。もっとも人口稠密だった1950年には、1500人を超えていた。1960年ころから人口の減少傾向が著しくなり、沖縄の本土復帰前後の1970年から75年までの5年間には、30％近い人口減少率を記録した。近年では、率の上でいうと人口減少に歯止めがかかったように見えるが、減るだけ減ってしまったというのが実際であり、それとともに人口の高齢化は激しく進んでいる。とはいえ、沖縄県内の有人島（沖縄本島との間が架橋化されて厳密には「離島」とはいえなくなったものも含む）が47ほどあるが、そのうちの70％が人口1000人未満の島である。だから、渡名喜島がとりたてて人口の少ない島だというわけではない。

現在は人口も400人台を割り込むかというまでになり、集落内にも空き家が増えてしまっているが、1年のうちでも数日、その人口が増えて、島がおおいに賑わう時がある。たとえば先祖祭である旧暦1月16日の「ジュールクニチ」（「十六日祭」）の時など、前日から島に那覇からのフェリーが着くたびに、帰省する数多くの人が船からはきだされるように続々と上陸する。島を出て行った人たちの中には、島の自宅をそのままにしておく者が多く、そうした人たちが墓参りのために帰島するのである。

さきほど、「本島からもっとも遠い島」といったが、晴れて海さえ凪《な》いでいれば、そして沖縄本島から日帰りしたいなどと望みさえしなければ、島に渡るのにそんなに苦労があるわけではない。だから、島を出て本島に移り住んだ人たちでも、年に1、2回といわず月に1、2回くらいの頻度で

写真7　正月十六日の墓参①（1987年2月撮影）
ギチュー山北麓にある墓地に向かう人々.

写真8　正月十六日の墓参②（1987年2月撮影）
旧暦正月十六日は墓参をする慣わしの日．先祖に供えるためのごちそうとお酒を持ち寄って，墓前の広場で宴が開かれる.

写真９　墓参を終えて本島へ（1987年２月撮影）
無事に墓参をすませた安堵の表情が見て取れる.

島に戻ってくる。故郷の地を離れて、などという悲壮感はあまりなく、島との結びつきはずっと続くことになる。

主要な産業は、農業と漁業である、というのが建て前である（以下の記述も、１９９０年前後の時点のデータである）。就業者構成比でみると、両者を合わせた割合が５割を超えるが、どちらも産業としては小規模、いや微細な規模であるというしかなく、あまり活気があるとはいえない。農業では経営規模10アール以上の農家は１戸もなく、島ニンジンやモチキビ、ゴーヤーなどの野菜類が栽培されてはいるものの、年間粗生産額は４０００万円程度で、特定の産物に特化している様子はみられない。また漁業も、かつては近海でのカツオ漁が盛んで、島内にも複数のカツオ節製造工場を有したほどであったというが、１９６０年代以降カツオの水揚げは激減してしまった。最盛期に波止場沿いに五つも立ち並んだというカツオ節工場も、今はその面影さえみられない。

写真 10　積み出されるニンジン（1987 年 3 月撮影）
収穫されたニンジンは，箱詰めされてフェリーで那覇に運ばれる．

現在では渡名喜漁協に所属する船舶のうち、70％が３トン未満で、これら小型船による沿岸漁業が中心である。このため、たとえば村の１９８８年度一般会計当初予算を見ても、歳入約４億３０００万円のうち、地方交付税交付金と国庫および県支出金とを合わせたいわゆる依存財源が90％近くに達している。こうした点から見ても、渡名喜村は典型的な「過疎に悩む離島」となっているのである。

航空写真を見るとよくわかるように、渡名喜島の海岸には、島の南東部を除いて、現生サンゴ礁がよく発達している。しかし、島自体は低平な隆起サンゴ礁島ではなく、むしろ山がちになっている。島の北部には西森（１４６メートル）、南部には大岳《うふだき》（１７９メートル）や大本田《うふんだ》（１６５メートル）があって、特に南部の山々は猛毒のヘビであるハブがたくさん生息しているといわれてきた。

たとえば１９７３（昭和48）年３月に、沖縄県の委嘱でこの島に天然記念物の調査に来ていた琉球大

写真11 道ばたのホウキかご①（2011年2月撮影）

学の生物学の助教授がハブに咬まれ、翌日に死亡した、などという事件があった。被害者はハブの生態に詳しい人だったという。人間とハブの棲み分けはなされているようなので、ふだん島の住民はそれほどハブを怖がったりはしていないけれど、たとえば朝起きるとまず、家の庭や周囲の道路をホウキの目を立てながら掃く習慣は、人々の間に根づいており、道路端のところどころにそのためのホウキが箱に入って置かれている。目を立てておくと、もしハブが這い出てきても、その跡が砂の上に残るのでハブが近くにいる可能性があることがわかる、という仕掛けである。舗装された道路が当たり前になっている人たちには、想像がつきにくいかもしれない。現在でも、小中学校の生徒は、週に3回は朝の道路掃きを実践している。

この南北にある山地にはさまれた、島の中央部やや北寄りのところにある平坦部に、島の全人口が集中する唯一の集落（渡名喜集落）がある。この平坦部は両側の山地をつなぐ砂州《さす》で、水はけの良い土地である。集落は、形の上では一つのかたまりに見えるが、東、南、西の三つの「字」に分かれている（図1参照）。

ところで、このような砂州《さす》（地形学の用語では陸繋《りくけい》砂州）は、いったいいつごろできたのだろうか。この問題は、渡名喜島周辺のサンゴ礁の形成過程とかかわるもので、岡山大学の菅浩伸氏によって解き明かされている。

菅は、1980年代の終わりころ、フェリーが渡名喜島に接岸するために開削された、深さ8メートルの水路（口絵の航空写真参照）に潜り、開削《かいさく》面のようすを詳細に調べて、サンゴ礁の堆積構造を明らかにした。掘り込まれた水路の壁面を、露頭に見立てたわけである。そして、そこから得られた試料の年代測定結果を整理して、渡名喜島周辺のサンゴ礁と陸繋砂州の成立過程を図3のように示した。

ここではその研究プロセスの詳細は省くが、図3のAに示されているように、約5000年前の渡名喜島

写真12　道ばたのホウキかご②（2011年2月撮影）

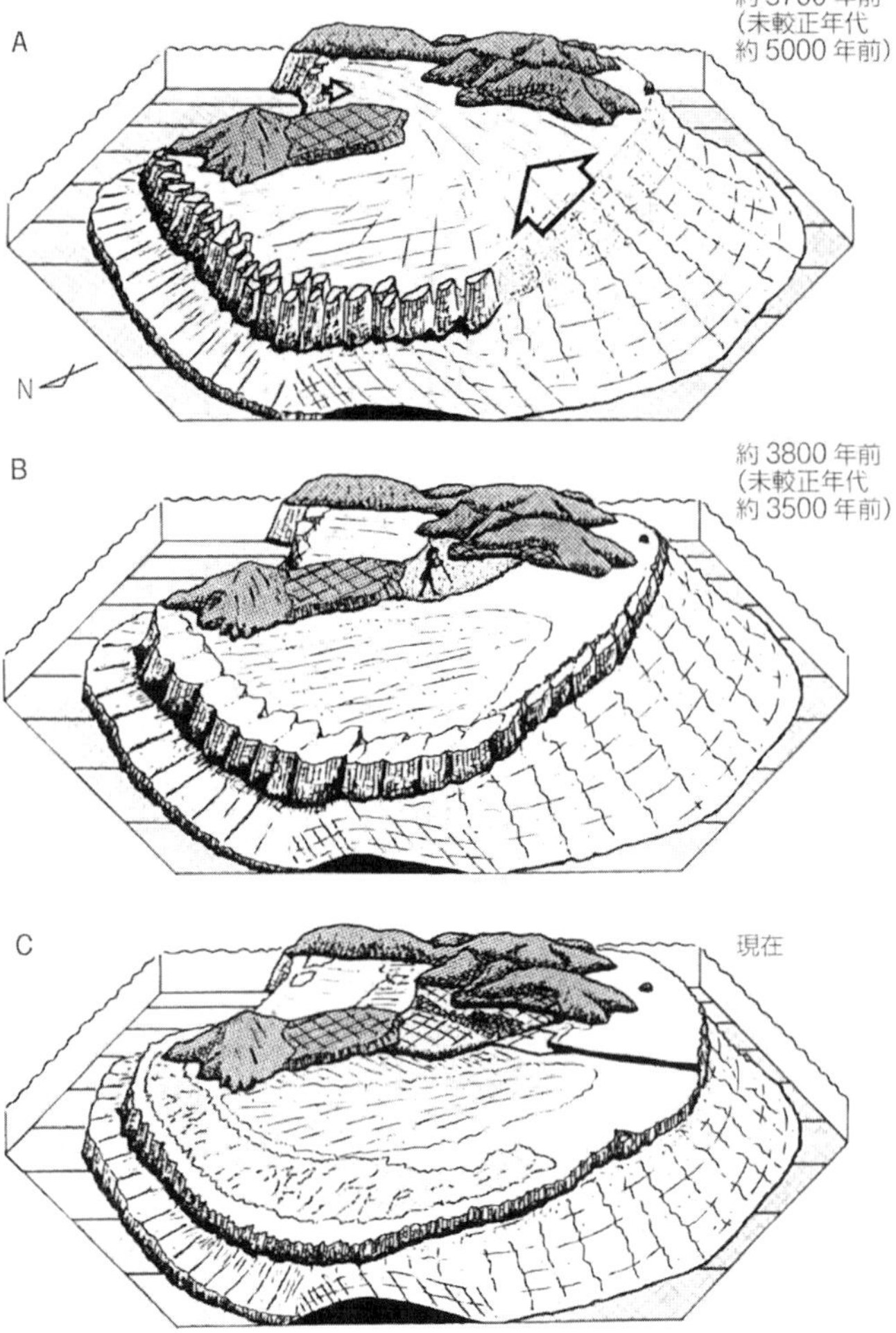

図 3　渡名喜島のサンゴ礁と陸繋砂州の成立過程
年代値は暦年であらわしている（菅浩伸作成.
小泉武栄・赤坂憲雄編（2013）: 228.）

は、二つの島からなっていて、その間を海水が流れ、枝サンゴの群集が広がっていたと推定された。その後、島周辺のサンゴ礁が発達し、また約4000年前に1メートル内外の海面低下があったことも加わって、この島の間は外洋からの波がさえぎられ、砂州が形成されていき、二つの島はつながって一つになった。それが約3500年前ころのことで、砂州の部分を舞台として、島でのヒトの活動がこのころ始まったと考えられる（図3のB）。先の考古学的編年による人類居住開始の年代と、ぴったり符合するのである。さらに、サンゴ礁は外洋側に発達していき、砂州上にはのちに集落が形成されていった（図3のC）。

渡名喜島では「サンゴ礁と砂州の形成、そして人類の生活が関連して起こっていった」（菅（2013）：228）ことを鮮やかに示した研究成果は、初め1997年に、アメリカの国立自然史博物館（スミソニアン博物館群の一つ）の研究紀要に発表された。これにより、渡名喜島のサンゴ礁は、世界的に知られることになったのである。

4　のんびりとした島で

1987年2月に続いて、同年3月にも島を訪れた、今度は少し余裕をもって、1週間ほどの予定だった。

写真13　掘り下げられた家の敷地（1987年2月撮影）
道路面に対してかなり深く掘り下げられているのがわかる.

渡名喜島を訪れると、まず集落に密集した家々が、いずれもフクギの屋敷林に囲まれ、集落内を縦横にかなり規則的に走る幅のあまり広くない道路の面から、深く掘り下げられたところに建っているのに印象づけられよう。台風時などの強風から建物を守るための伝統的な工夫だといわれている。こうした工夫は、必ずしも渡名喜島だけにみられるものではなく、沖縄の他の島々でもそうしたものを見かけることは時々ある。しかし、この島では、道路面と屋敷地との段差(標高差)が非常に深く、1メートルにもおよぶものが少なくない。これがほかの沖縄の島々とくらべての著しい特徴となっている。家々には、これも伝統的なスタイルであるが、赤瓦《あかがわら》を屋根にいただいた木造の建物が多い。

また、集落を少し離れて高台に登ってみると、その集落内の道路が直交して走り、集落がいわゆる碁盤目状になっていることにも気づく。さらに、集落を取り巻いて展開している耕地が、多く短冊状に区画され、一筆一筆が細長い形状を呈しているのに目を奪われる（口絵の航空写真を参照）。

この特異な耕地景観こそが、かつてこの島に存在していた「地割制度」の名残り、地割遺構なのである。高台から写真を撮りながら、これからどうやってこの島の、地割遺構をてがかりに調べたらいいのか、思案に暮れた。

写真 14　集落全景（字西と字南）（1989年9月撮影）
フクギの防風林が繁る中に家々が埋もれている.

写真 15　集落全景（字東）（2010年9月撮影）
写真14の（左側）東側に続く集落.

いくらかのあせりはあったけれど、しかし島での数日間はのんびりとしたものだった。ある日のこと、島内を歩いていると、ヤギをつぶしている（豚と違って、ヤギも「つぶす」というのかどうかわからないが）場面に偶然出くわした。自宅の玄関先で、このようなことが始まるとは想像もしなかったので、断って撮影させてもらった（写真16、17参照）。

渡名喜港はまだいまほど整備はされておらず、コンクリートむきだしの埠頭に大きなフェリーが横付けされ、そこから乗降客がタラップを上り下りしていた。船に乗る際の切符売り場がどこかも判然としない、そんな港だった。フェリーだから客もクルマも荷物も一緒に乗る。鮮やかな黄色の箱に入ったニンジンが積み込まれ、那覇に向けて運ばれるところにも遭遇した（写真10参照）。最初はたどり着くのに迷った民宿も、以後定宿になり、そこへ帰る道はいつのまにか身体で覚えた。

この年は、秋に沖文研の創立15周年記念市民講座があったりして、その準備や本番のため、これ以後渡名喜島に出かけることはできなかったが、翌１９８８年3月と89年9月に、どちらも少し長期間、島に滞在できた。沖縄の離島での人々の暮らしに、なんとなくなじんでゆく自分を感じたものだった。パソコンも携帯電話ももたない時代である。同じ宿に１週間も滞在していると、いろいろな泊り客が入れ替わるのもおもしろい。年度末には、公共工事の関係者がかなり長期間滞在する。泊まるところは二軒の民宿だけしかないからだ。わが定宿の一階は商店なので、子どもたちが学用品を買いに来たり、学校の先生が買い物に来て世間話をしていったりする。それとなく耳に入るの

写真 17　ヤギの腑分け②（1987年3月撮影）
最初に頸動脈を切ってから，ガスバーナーで毛を焼きタワシで洗い落とす．そのあと腹部を裂いて内臓を取り出し，骨と肉を切り分ける．内臓は，取り出されると何倍かに膨れあがる．血もバケツにとって食用にされるが，空気に触れるとすぐに固形化する．

写真 16　ヤギの腑分け①（1987年3月撮影）
偶然出くわした，ヤギをつぶしているところ．河村忠雄によれば「渡名喜では病人が出て容易に治らないときには，家の門のところで山羊を殺し，その血を恰度（ちょうど）塩で清める様にまく．山羊の肉は神様に供え，そしてそれを病人に与える．ハブにかまれたとき，或は不慮の傷害を受けた場合にもこうしたお祭をする．渡名喜の人はそれを名づけて「ヤンゲーシ」といっている．」(河村只雄(1974)：134)．この場面がその「ヤンゲージ」に当たるのかどうかは，うっかりして聞き漏らした．

を聞いていると、島の中のようすが少しわかってきたりする。

１９８８年の３月には、役場での調べを終えて宿に戻ると、ひとりの老人が荷をほどいていた。画家だという。夕食の後、どんな目的で島に来ているのかなど、少し話をした。後日、その方の画集（戸井昌造『沖縄絵本』）が出版され、その中に島で調べものをしている著者のことが紹介されていた。小さな島の、小さな宿だと、こういう出会いもある。

第2章　渡名喜島の地割制度

分厚い2巻本の『渡名喜村史』
元渡名喜小中学校校長・比嘉松吉氏を中心に編纂された，市町村史はかくあるべきというスグレモノである.

1　渡名喜島の地割制度

渡名喜島の地割制度については、地割遺構が景観として非常に明瞭に残っていたことから、古くより数多くの識者の注目を浴び、さまざまな指摘がなされてきた。しかし、その地割制度の実態については、短冊状耕地片が開発の波を受けずに長期間残されてきた稀な例でありながら、文書など明瞭な史資料がすでにほとんど失われて欠如していることもあって、あまりよくわかっていなかった。

沖縄の地割制度について、１９２０年代に注目すべき研究が二つ発刊されていることは、渡名喜島についての勉強を始めてすぐに知った。一つは１９２７年刊行の田村　浩『琉球共産村落の研究』という著書であり、もう一つは仲吉朝助《ちょうじょ》の「琉球の地割制度」という論文（三編からなる）である。

このうち、仲吉の論文には渡名喜島の名は一カ所にだけ現れる。それは、第三論文の末尾近くで、１９０３（明治36）年に沖縄県土地整理法が施行されて地割制度がようやく廃止され、耕地が私有化されたことに触れたあとの、「此の如くにして地割制度は自然に廃止されたるも、唯だ島尻郡の久高島及渡名喜島の地人は地割地を従来の地人共有として、依然地割制度を存続して今日に至れり。」（仲吉（１９２８㈢）：74）という部分である。しかし、この記述だけでは、そこからなにか調べて考えるべき問題点を引きだせるとは思えない。仲吉朝助（１８６７～１９２６）は、東京帝国大学農科大学を卒業後、沖縄県の職員として上記の沖縄県土地整理法の策定に中心的に携わった人である。のちに、那覇市と合併する前の首里市長をつとめたこともあった。

論文自体は、そうした仲吉自身の経験から得られた資料を活用した浩瀚なもので、１９２８年の『史学雑誌』39巻5・6・8号に3回に分けて発表されていた。どちらかといえば沖縄の地割制度についての総論的な色彩が強いから、少なくとも渡名喜島の地割制度について考える時の、直接の資料とはなりにくかった。

田村の著書については、あとで少し詳しく触れることにする。こちらには渡名喜島に関する記述が数ページにわたってみられるが、その記述の域を出るものはいまだに現れていないといってよい。

たとえば沖縄県に数ある市町村史の中で、おそらく最も高い水準を示すものの一つという評価のある『渡名喜村史』（上・下2巻、本章の扉写真参照）には、沖縄の地割制度の解明に向けて精力的な活動を続けてきた安良城盛昭の「渡名喜島の「地割」制度」という論考がおさめられている。その中で安良城は、

「渡名喜島の「地割制度」について検討する（にあたっては）史料・記録の乏しさ（が）決定

的ともいえる制約となっている」（注・カッコ内は引用者加筆。以下も同じ）

（渡名喜村史編集委員会（１９８３ｂ）：８１０）

と述べている。具体的にはどのようなことか。安良城は、論考の執筆にあたって二度にわたる現地調査を行なったものの、

「残念なことに、明治36（１９０３）年に「臨時沖縄県土地整理事務局」によって作成された字別の地籍図（村役場保管）以外に、「地割制度」史料をまったく発見できなかった」（渡名喜村史編集委員会（１９８３ｂ）：８１０）

のだという。だが、この地籍図は田村の著書の中にも一部が引用されているものである。加えて、安良城の主要な関心は、現在も決着をみていない「地割制度」の起源論にあったといえるため、渡名喜島における地割制度の実態についての認識を進めるには至らなかったのであろうと思われる。したがってこの論考は、タイトルには「渡名喜島の「地割制度」」とうたっている、50ページを超える長編のものではあるが、中身の大部分は文献史料をもとにした「沖縄」の地割制度についての一般論である。渡名喜島の「地割制度」についての具体的な記述は、論考の終わりの数ページのみで、

るる述べられた一般論に照らし合わせた場合の渡名喜島の「地割制度」の位置づけが、わずかに書かれているだけだった。もっとも、論考自体はたいへん勉強になったものであることを、明記しておかなくてはならない。というわけで、結局著者にとってもっとも参考になったのは、１９２７年に刊行された田村　浩の著書なのであった。

ここで、渡名喜島の地割制度の実態について、これまでの知見を簡単に整理しておきたい。田村（１９２７）におさめられている渡名喜島の地割に関する記述は、同書の半ばほどに10ページあまりにわたって見つけられる。少し長くなるが、以下、その主要部分を抜書きしておこう。なお旧字は新字に直しておく。……以下の部分は、それぞれの記述を理解するために著者が付した情報である。

「渡名喜島ハ那覇ノ西北ヲ離ル二十六海里ノ洋上ニアリ、現在戸数二百四十五戸人口千四百五十人ニシテ半農半漁ナリ、一方里ノ密度大ハ千六百二十三人ノ多キヲ算ス、耕地ハ田七町五段、畑九十町三段ナリ。

渡名喜ニ於ケル旧藩土地制度ハ未ダ能ク人ノ知ル所ナラザルモ久高島ノ班田収授ト相比シ有益ナル資料少ナシトセズ。」

……戸数と人口数からみて、田村自身による大正末年ころの調査にもとづいた記述であると思われる。当時は、戸数は現在とあまり変わらないものの、人口数は三倍近い１４５０人もあった。田畑の面積については、１町が９９１７・35平方メートルだからおよそ１ヘクタール、10段（＝反）が１町、ここにはないが10畝が１段、30坪（＝歩）が１畝にあたる。田と畑の面積比も、先の『琉球国高究帳』の記述を裏づけるものになっている。

「一、人頭地割
百姓地トシテ地割配当ヲナスベキ耕地ヲ土地ノ良否ニ依ルニ従ヒテ五等ニ別チタリ、各級ヲ百九十七地トシ一等地ハ七十五坪ニシテ一ハチ即チ四地ニ当ル、二等地以下ノ地ハ五十坪トス。土地整理ヲ距ル十年前明治十五年ノ地割ヲ見ルニ当時ノ戸数百余戸ニシテ配当耕地十八町一段二畝歩ナリキ。

一等地　75坪×１９７＝１万４７７５坪
二等地　50坪×１９７＝９８５０坪
三等地　50坪×１９７＝９８５０坪
四等地　50坪×１９７＝９８５０坪

　五等地　50坪×197＝9850坪

計五万四千百七十五坪即チ十八町五畝廿五分ナリ。

一戸当リ凡ソ一段八畝アリ。

百姓地ノ外ニ仕明地オエカ地アリシモ本島地方ト同ジク地割配当ヲナサズ、等級ヲ定ムルニハ全村ヲ三與に別チ地割総代ヲ一與ヨリ十人選ビ百姓ノ希望申立テニ基キ貢租ノ負担及ビ耕作能力ニ従ヒ、男女年齢ノ区別ナク総代ノ吟味ニヨリ人頭ヲ以テ配当ヲナセリ、其ノ定期地割ハ二十年目トス、而シテ其ノ配当ハ各級ヲ交エ各級百九十七地ヅヽニ区分シ貢租ト能力ヲ基礎トシテ一戸ヲ標準トナシ公平ニ配分シタリ。」

……この部分が渡名喜島の地割の実態についてのハイライトである。1882（明治15）年の地割の例では、戸数が百あまりで配当耕地は合わせて十八町一段二畝。地割対象の百姓地が五つの等級に分けられ、それらがおのおのさらに百九十七地に分けられていた。そして、一等地の場合は75坪が一ハチ、すなわち四地、二等地以下は75坪とされた。これらを合計すると、十八町五畝廿五歩（「分」は「歩」の誤記か）となって、配当耕地全体の面積とよく一致する。

ほかの島の例とおなじように、渡名喜島にも百姓地（一般の農民が耕す既成の土地）、仕明地《しあけち》（一般の農民の共有開墾地）、オエカ地（村役人用の耕地）などといった区分があるが、地割対象になるのは百姓地だけに限られていた。耕地の配当は、島内の全戸を三つの「與」に分け、一つの「與《くみ》」から各10名の地割総代を選んで行なわれた。総代は、農民の希望申立てにもとづいて貢租負担および耕作能力を勘案したうえで、男女・年齢の区別なく人頭割で、各戸への配当耕地を決めたという。

山本弘文によれば、配当基準には「大別して人頭割・貧富割・貧富および耕転力割・貧富および人頭割・貧富および勲功割の五種」（山本（１９９９）：２１８）があったというが、田村の描き出す渡名喜島の地割制では、「貧富および耕転能力および人頭割」ということになるのだろうか。また、渡名喜島の地割は、20年ごとに配当耕地の修正・変更を行なう定期地割であった。

ここまではいいとして、わからないことがある。一つは、耕地配当を受ける戸数が「百余戸」で、実在戸数の半分以下であること、もう一つは、「百九十七地」という数字のことである。しかし、これについては、なにも説明はつけられていない。等級ごとに土地を分けるのは、貢租負担上の事由からであろう。また「一ハチ」の大きさ（七十五坪と五十坪）も便宜的なものに過ぎないと思われる。しかし全体の土地を百九十七地に分けるというのは、いったい何の意味だろうか？

「二、図根及ロ分帯状ノ遺跡　…（略）…

三、仕明地

村ハ三方連峰ヲ以テ囲マレ其ノ傾斜地ハ整然タル段畑ノ仕明地私有地多シ、現在畑地トシテ地割配当セル帯状ロ分田ノ約三倍ハ個人有タル仕明地ニシテ全耕地ニ対シ一戸当リ四段歩ニ過ギザレバ島尻郡小禄村ノ如キ集約的地帯ノ耕地ト相似タリ、而シテ其ノ仕明地ノ多クハ明治初年ニ開墾ヲナセルモノナリ、是故ニ旧藩地割時代ノ耕地ハ人口ニ比シ極メテ少ナク、人口ト食料ノ経済関係ハ実ニ共有地均分ノ政策ヲ実行セシメタルナリ。」

写真18　ギチュー山北側斜面の段畑跡（1987年２月撮影）
撮影当時はこのようにまだ段畑の形跡がはっきり見えたが，現在ではもうほとんど見えなくなっている．

……島内の傾斜地（もっぱら南部の山地地帯のことと思われる）の多くは仕明地、つまり実質的には私有地であり、その面積は１戸当たり約４段であった。これらは主に明治初年に開墾されたものである。

地割配当耕地は、１８８２（明治15）年の場合、１戸当たり約１段８畝（先の「配当耕地18町１段２歩」を「戸数百余」で割った数字）であったというから、そのおよそ二倍以上の仕明地が存在していたことになる。１９８７年当時、渡名喜集落から南側の山地を望むと、ギチュー山（１３６メートル）の北側斜面に一面、段畑の形跡が見られた（写真18）。第二次世界大戦中には主食としてのサツマイモが栽培されていたと聞いた。しかしこの「形跡」は、その後島を訪れるたびに薄まっており、現在ではそこがかつて耕作地だったということは想像するのが難しいくらいである。

「四、地割の起源

渡名喜島ノ地割ロ分田ノ起源ニ関シテハ旧記及ビロ碑ノ伝フル所詳カナラザルモ雍正年間ノ地頭代南風原親雲上ガ勢頭屋敷ニ昇任セラレシ言上ガ旧家タル同家ニ遺存セラレシヲ見ルニ、今ヨリ二百年前ノ当時ニアリテハ土地狭小ニシテ石原薄地多ク、百姓難渋セシニヨリ地頭代南風原親雲上ハ勤農及ビ開墾ヲ奨励シ桑畑・蘇鉄・安良根等ヲ植付殖産ニ努ムル所アリ、当時既ニ平地ハ配当地トシテ存在シ主トシテ丘陵傾斜地ノ開墾ヲ督励シタルモノニシテ「切畝為囲」トハ段畑ノ謂ナルベシ、当時ヨリ存在セシ配当地ニテハ到底食料不足ヲ告グルガ故ニ開墾ニヨリ仕明私有セシハ起請文ニヨリテ明ラカナリ　…（略）…。

前章ニ述ベタルガ如ク渡名喜部落ノ先住地ハ丘上ノ里ニシテ、里タル門中共産体ヨリ平原タル今ノ百姓地ニ村落構成前ニ生ジタル地割ニ非ザルコト明ラカナリ、即チ門中ガ旧部落ノ山稜地帯ヨリ下方ニ移リ共同開墾ニヨリロ分田ヲ行ヒタルガ、人口ノ増加ニ基キ定期地割トナレルモノナリ。」

……雍正年間とは中国の年号で１７２３～１７３５年を指す。この部分の記述のもとになったのは、『渡名喜村史　上巻』にも原文が収録されている「表彰状」（村史当該部分の筆者である高良倉吉の表現をそのまま借りたもの）のうちの一つで、村役人である「地頭代南風原親雲上《はえばるぺーちん》」のすぐれた農事指導の功労をたたえ、その昇進を上申《じょうしん》した「言上写《ごんじょううつし》」である。

功労とは、地割の配当地だけではとうてい村民の食糧生産には不十分だからと、南風原親雲上が仕明地の開墾を奨励し、そこに食糧になるような作物を植え付けさせたこと。それが村民の窮状を救うのに寄与したのであろう。なお「安良根」はアダン（タコノキ）のことであるが、これは食糧になると聞いたことはない。桑も別用途であろう。「丘陵傾斜地」とは、ギチュー山北麓のあたりを指すと思われる。その仕明地の部分が、地割配当耕地ではないことがここでも言及されている。引用の後半部は、渡名喜集落の現在地への「移転」のことを記している。

ところで田村の著書は、小川先生の久高島調査の報告書でも触れられていたが、それへの先生の評価は、「田村一九二七は渡名喜島と並んで久高島の地割制を正面から取り上げている。調査時点も土地整理後に二五年（ママ）と早く、記述も豊富で好資料たるを失わないが、いかにせんその所説はしばしば独断的であり、かつ、不正確たるを免れえない」（小川（１９８５）：12）とかなり辛口である。固有名詞のたびたびの記載ミス、地割耕地の面積を示す数字の吟味が怪しいことなどが、そうした評価の具体例として指摘されているが、沖縄の「地割制度」を「明ラカニ口分田ニヨル班田収授ノ法トイフベシ」といった根拠の薄い断定もやり玉に挙がっている。この引用部分にもある「門《もん》中《ちゅう》」や「口分田《くぶんでん》」といった術語の用い方も、要注意ということになるかもしれない。

田村　浩（１８８６～１９４５）は、「経済学者で官吏、沖縄研究者」。苦学して高等文官試験（行政）に合格し、１９２２年に沖縄県に赴任し、視学官《しがくかん》から産業課長などを歴任後、『琉球共産村落の研究』を上梓した１９２７年に退官して沖縄を離れる。のちに、山形県経済部長や福岡県経済部長を務めた人だという（田村（１９７７）の巻末、与那国暹の解説による）。

さて、一方、『渡名喜村史　下巻』に収録されている安良城（１９８３）においては、「数坪の微差を含むほぼ均等な耕地片を、各耕区から寄せ集めて均等な耕地配分を行な」う方式が渡名喜島でも採用されていたとしたうえで、以下のように地割方式の要点があげられている。

（1）耕地片の大きさは、たとえば字西ノ底《にしのすく》の一耕区を例にとるなら、基本単位である「一地」が「弐畝十五～十九歩（約２５０平方メートル）」である。また、この「一地」のほかに、配分耕地片単位としては「二地」、「半地」、「0・75地」、「0・25地」のそれぞれが存在すると考えられる。

（2）各耕区の耕地片の所有者は、その耕区に一片のみ耕地を所有している。また、ある耕地にA、B、Cの三農民が隣り合って耕地を所有していたとすると、別の耕区にもA、B、Cの三農民はやはり、同じ耕区に耕地片を所有している。つまりA、B、Cの三農民は「ワン・セット」で耕地を所持していることになる。

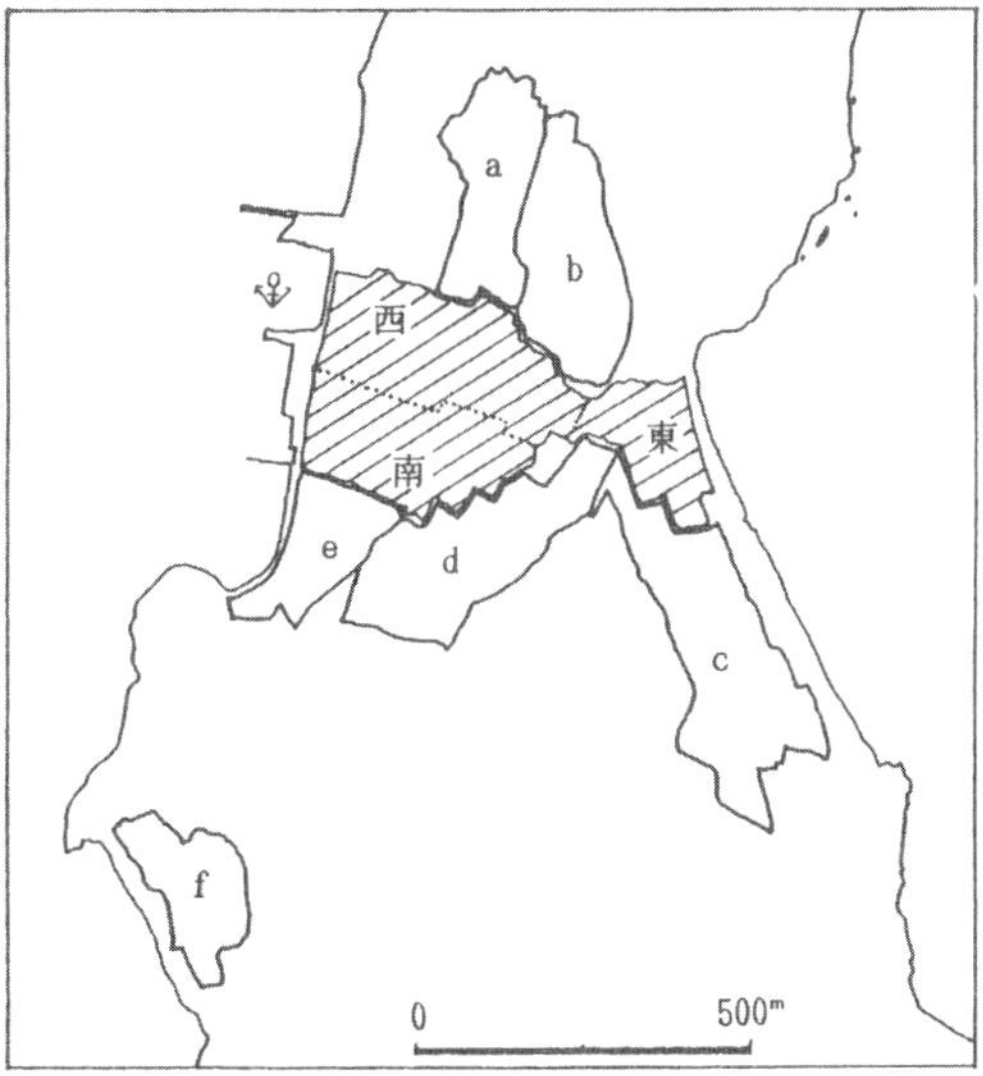

図3　索引図

斜線部分は集落．a：字西兼久　b：字西ノ底　c：字粟刈　d：字大道　e：字脇原（の一部）　f：字高田（の一部）

（1）では、まず配分耕地片単位に細かな区別があったことの指摘がなされている。その際、考察の材料に用いられたのは「字西ノ底の一耕区」（地番でいうと955〜990の36筆）である。この36筆を耕地面積別に整理したうえで、安良城は、全体の60％近くが二畝台であり、しかもそのうちの大部分が二畝十五〜十九歩であること、またこの二畝十五〜十九歩のちょうど二倍にあたる五

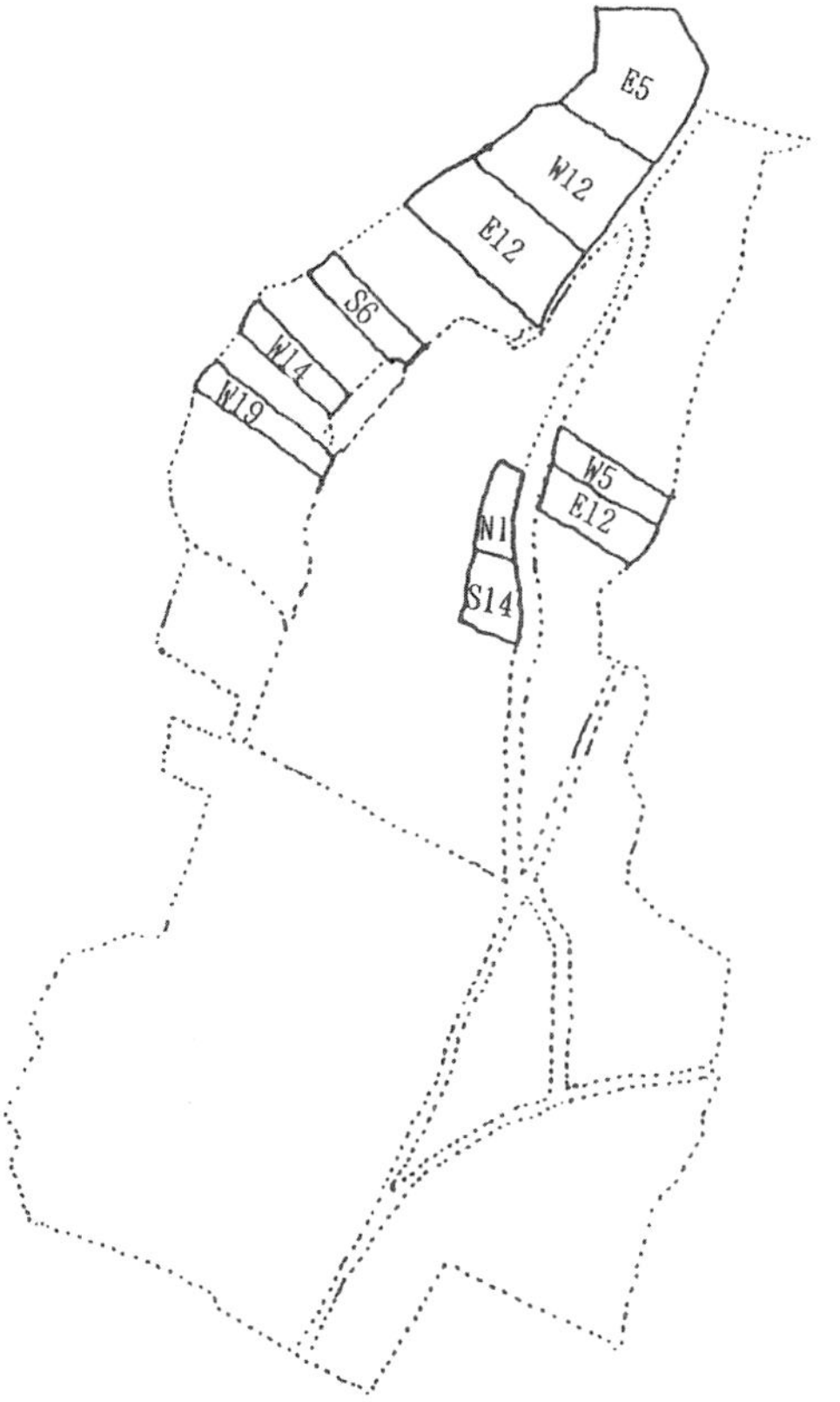
E5
W12
E12
S6
W14
W19
W5
E12
N1
S14
0
100m

図 4　旧地籍図と地割組別土地所有：a・字西兼久

左側が明治 36 年 8 月臨時沖縄県土地整理事務局作成の地籍図．右側が地割組別土地所有を示し，図中の記号は表 3 の地割組区分を表わす．両図とも，対照の便を考えて同じスケールにしてある．なお，点線で囲まれた部分は，そこを所有する地割組が判然としなかったところである．この部分の島内における位置は図 3 を参照．以下，図 5 ～図 8 まで同様である．

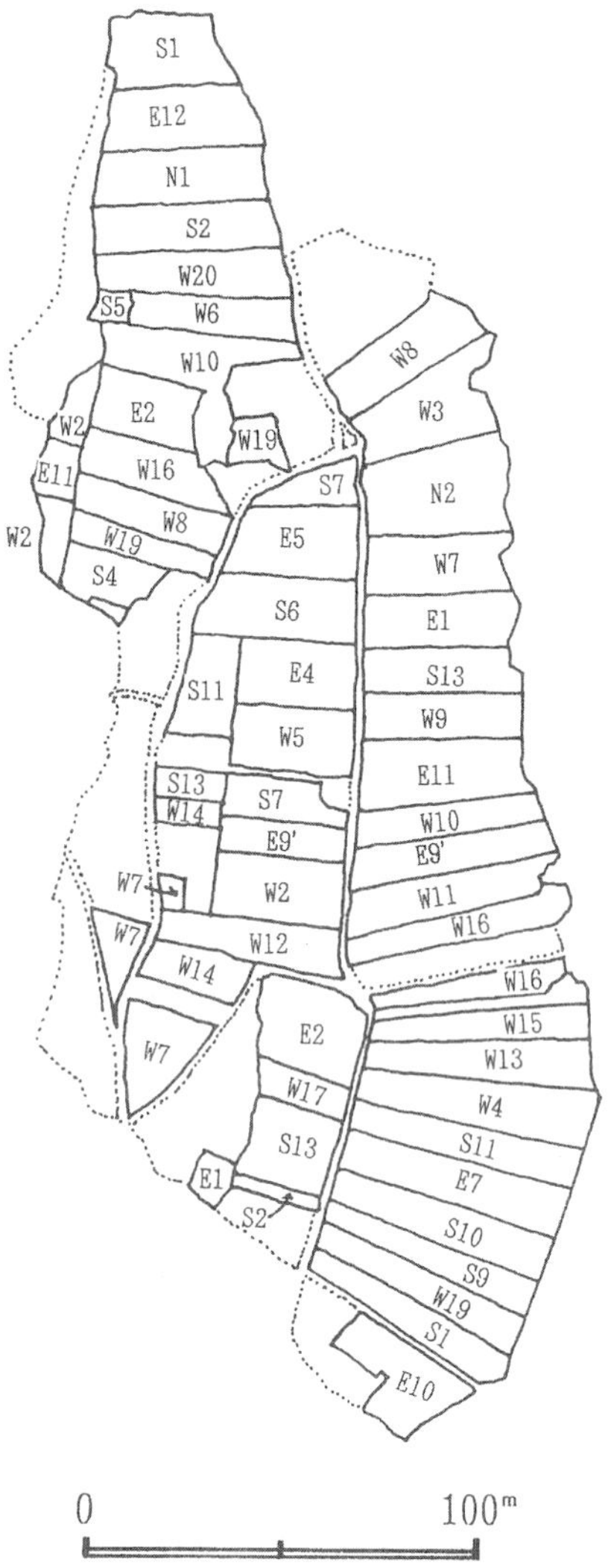
S1
E12
N1
S2
W20
S5
W6
W10
E2
W2
E11
W16
W8
W2
W19
S4
W19
W8
W3
S7
N2
E5
W7
S6
E1
S11
E4
S13
W9
W5
E11
S13
W14
S7
W10
E9'
E9'
W7
W2
W11
W16
W7
W12
W14
W16
E2
W15
W7
W13
W17
W4
S13
S11
E1
E7
S2
S10
S9
W19
S1
E10
0
100m

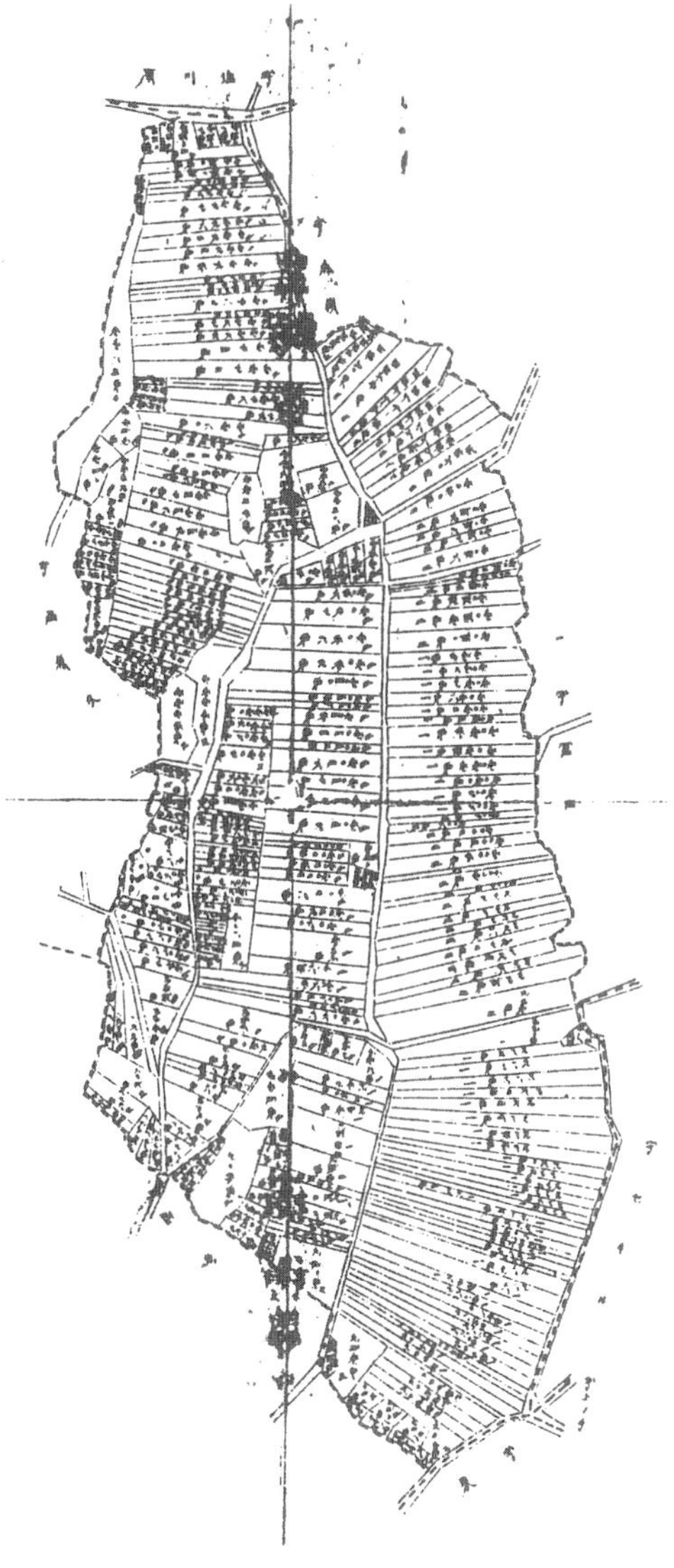

図 5　旧地籍図と地割組別土地所有　b・字西ノ底

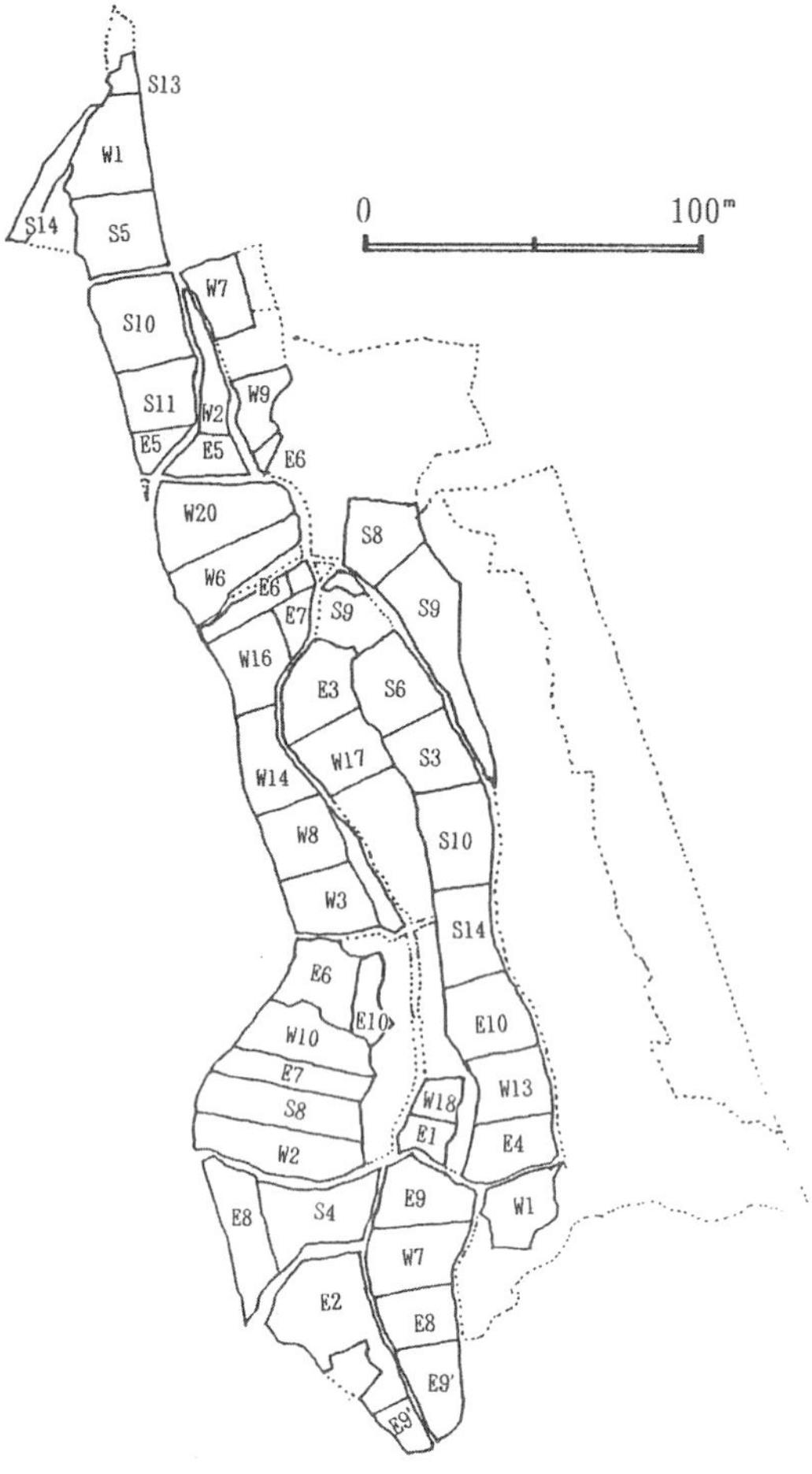
S13
W1
S14
S5
0
100m
W7
S10
S11
W2
W9
E5
E5
E6
W20
S8
W6
E6
E7
S9
S9
W16
E3
S6
W14
W17
S3
W8
S10
W3
S14
E6
E10
W10
E10
E7
W13
S8
W18
E1
E4
W2
E9
W1
E8
S4
W7
E2
E8
E9'
E9

図6　旧地籍図と地割組別土地所有：c・字粟刈

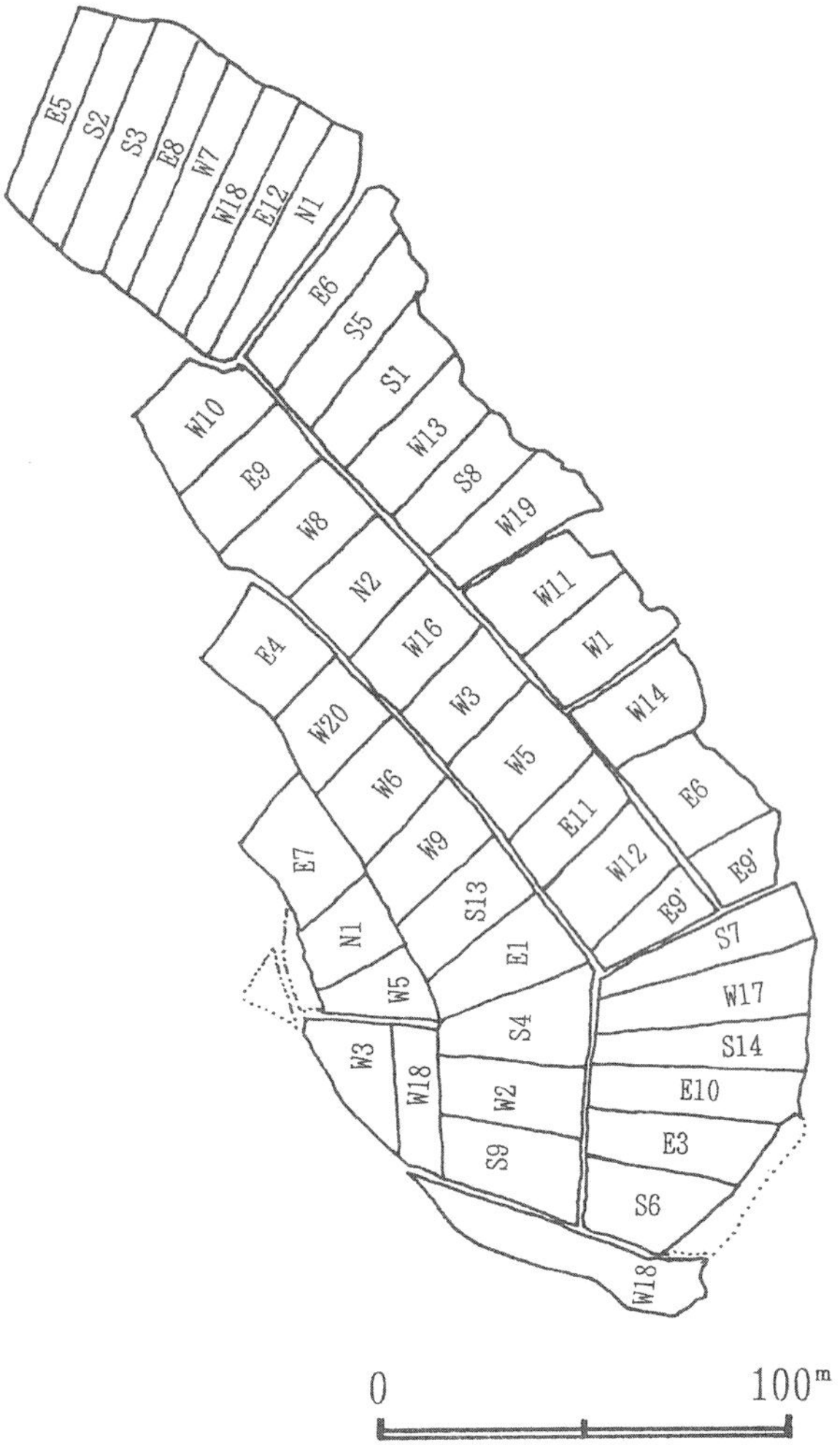
E5
S2
S3
E8
W7
W18
E12
N1
E6
S5
S1
W13
S8
W19
W10
E9
W8
N2
W11
W1
W16
W3
W14
E4
W20
W5
E6
W6
E11
W12
E9'
E9'
E7
W9
S13
N1
E1
S7
W5
W17
S4
W3
S14
W18
W2
E10
S9
E3
S6
W18
0
100m

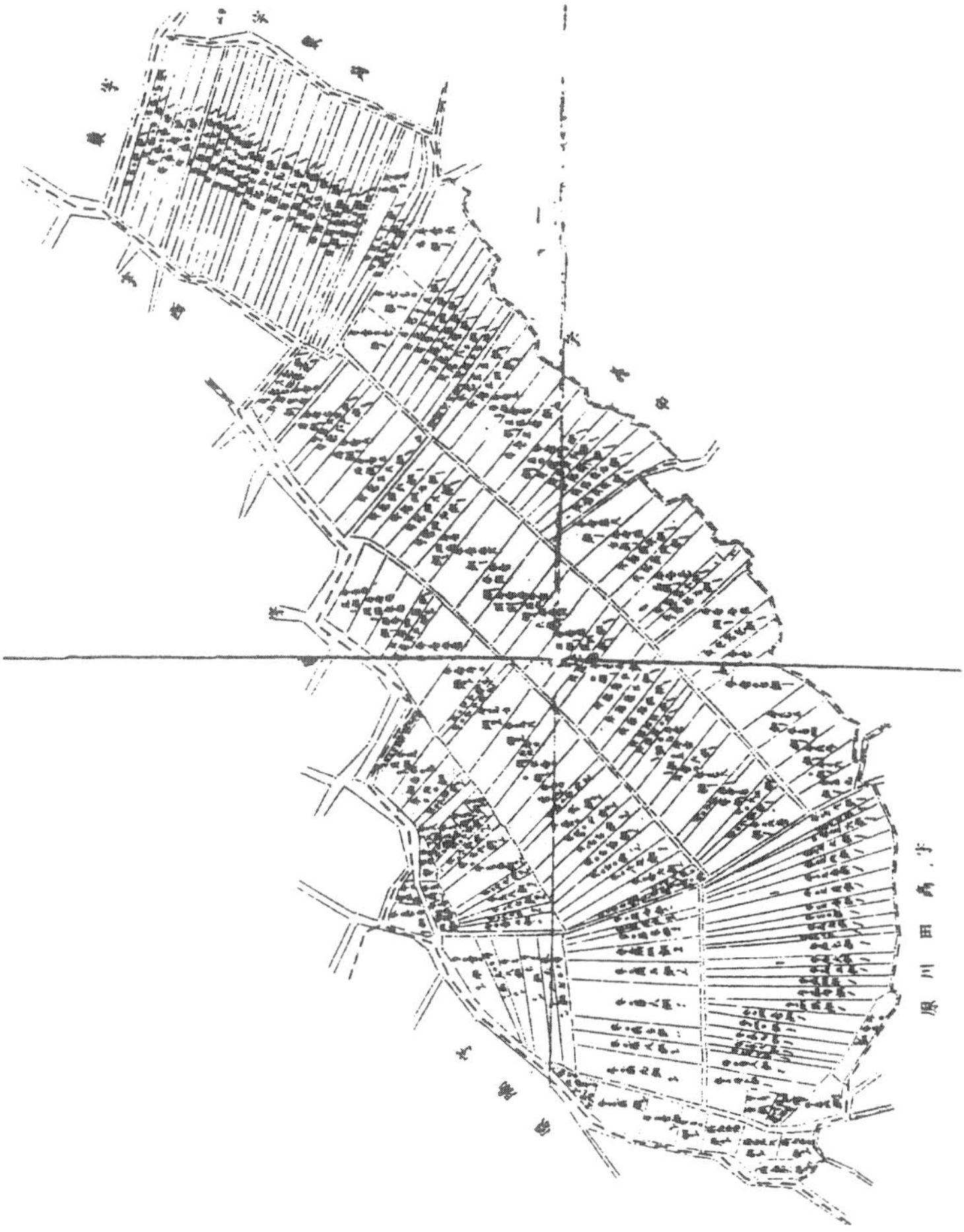

図 7　旧地籍図と地割組別土地所有：d・字大道

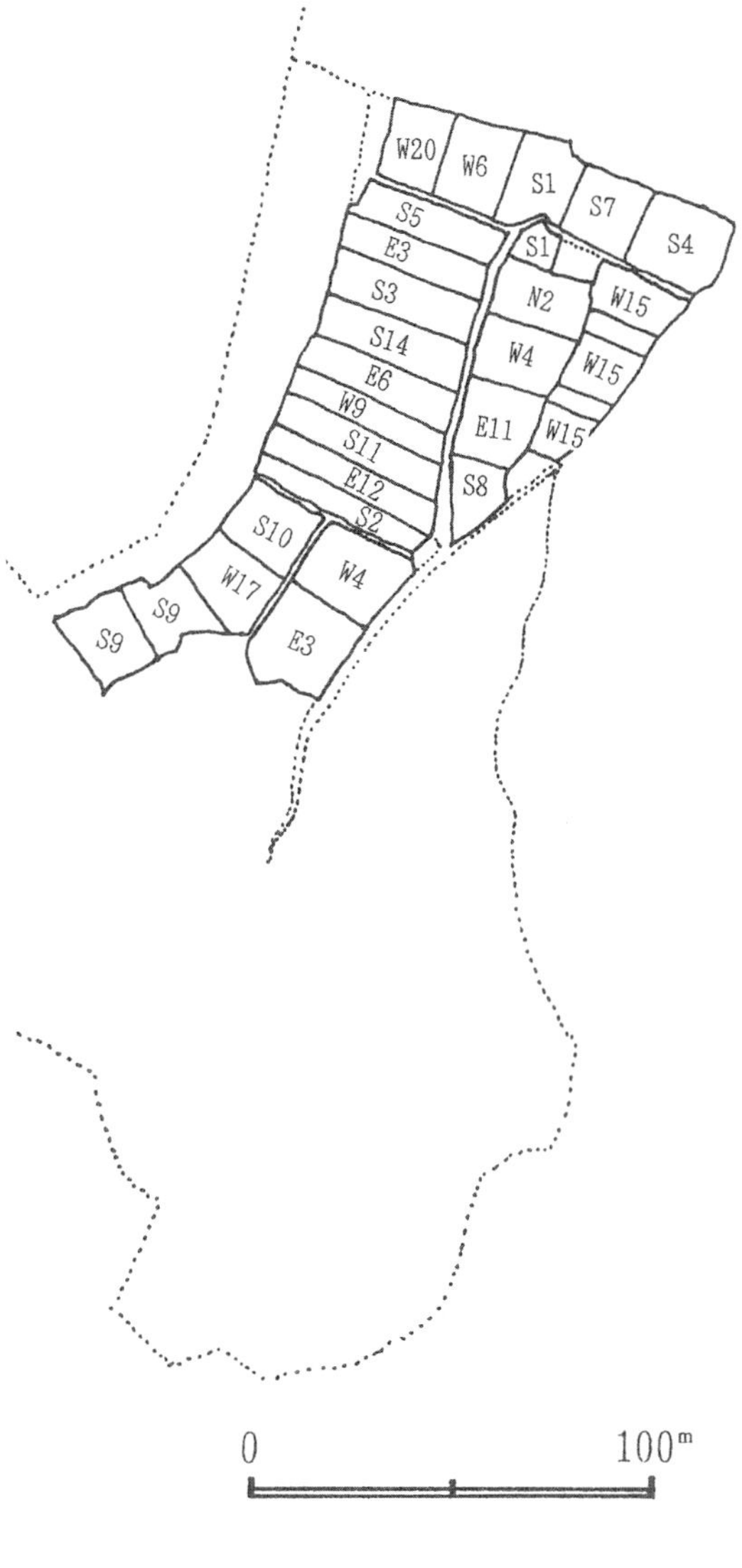
W20
W6
S1
S7
S4
S5
E3
S1
S3
N2
W15
S14
W4
W15
E6
W9
E11
W15
S11
S8
E12
S2
S10
W4
W17
S9
S9
E3
0
100m

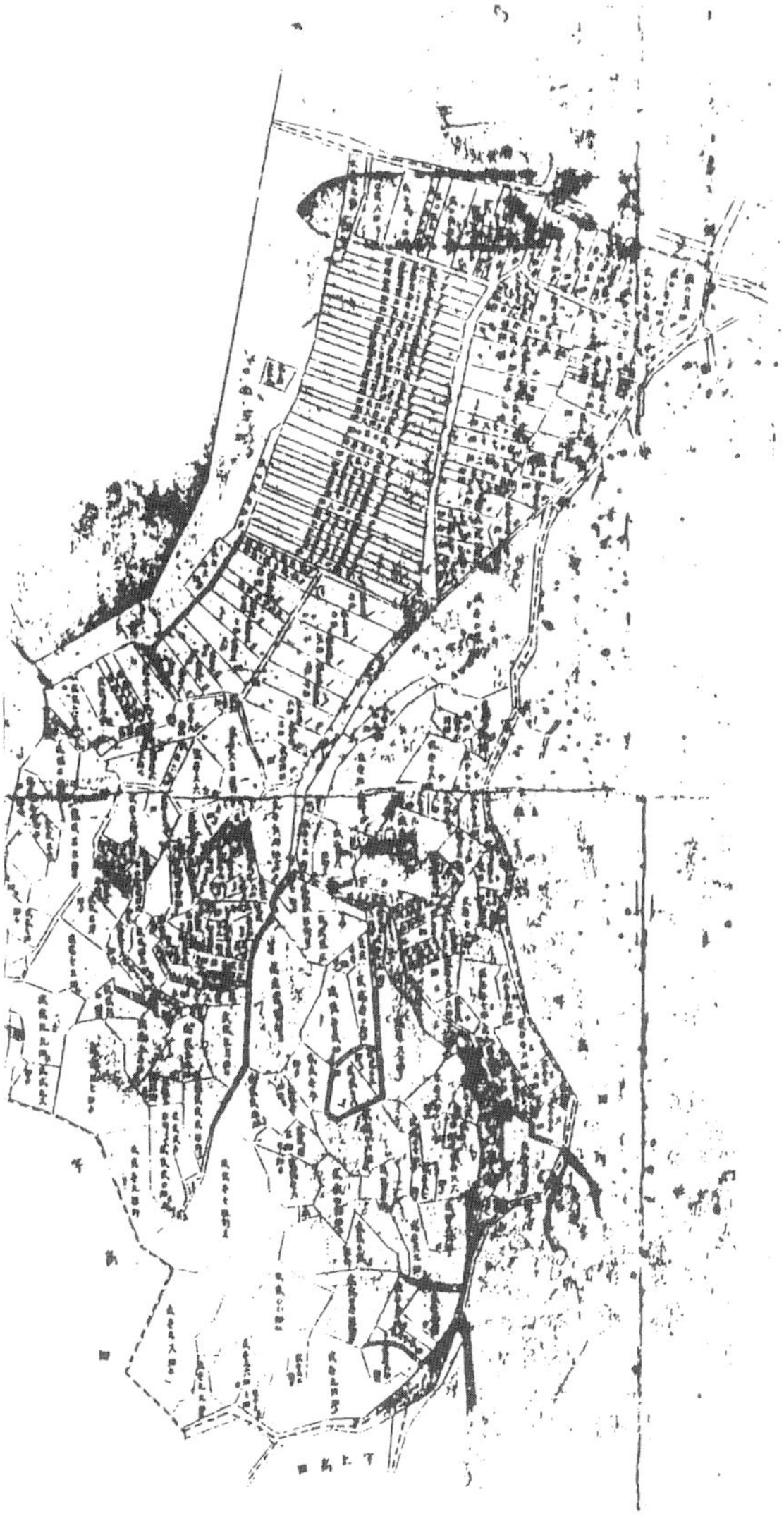

図８　旧地籍図と地割組別土地所有：e・字脇原の一部

畝、五畝七歩という面積の耕地片がそれぞれ一筆ずつ存在することから、前者を「一地」とすると後者は「二地」にあたると結論づけている。この点には問題はない。さらにこのほか、一畝台、三畝台、四畝台の耕地片も見られることから、沖縄本島美里間切《みさとまぎり》某村の地割基準に一地、半地のほかに0・75地、0・25地があったことを傍証として、渡名喜島でもこうした半地《はんち》、0・75地、0・25地という耕地配分基準があったと「理解される」としている。

しかし、この「字西ノ底」耕区の一畝台の土地片は、その種目が「原野」であり、しかもその形状が明らかにほかとは異なっていて、短冊状を呈してはいない（図5）。したがって、この一筆は、地割対象耕地からははずされるべきものであったと思われる。また、残る35の各筆を同列に並べてその面積比を考察することにも、問題なしとはしない。なぜなら、耕地配分比率はあくまで同一の地割組内における各家間の比率にすぎず、地割組が異なれば同じ「一地」でも面積にある程度の差がありうるからである。

このように考えると、「字西ノ底の一耕区」から識別できる耕地配当基準は、安良城のいうとおり「二畝十五～十九歩」を「一地」とした場合には、ほかに「二地」、「半地（0・5地）」、「一地半（1・5地）」の3種類、つまり合わせて4種類があったということになる。そして「一地」が二畝十五～十九歩（約250平方メートル）になるということは、要するに「字西ノ底の一耕区」が田村の指摘した「一等地」であるということのみを示しているに過ぎない。（2）の方についても、非常に回りくどい言い方であるが、これも要するに「地割組」が渡名喜島でも存在したと言っていることにほかならないであろう。

こうして検討してみると、やはり再び田村の記述に立ち戻って、渡名喜島の地割制度の実態を考えていかなくてはならないと思われる。さしあたっての疑問は、田村が特に触れてはいなかった、地割組の実態はどのようなものであったのか、という点である。以下、地割組の実態について、整理を試みてみよう。

2　地割組の画定

地割制度の施行された多くの村落では、地割組（與《くみ》）が編成されていた。これは、この制度下にあった村落内の耕地配当戸をいくつかの組にまとめ、各々の組に土地をまず配当し、與の中でさらに土地の分配が公平に行なわれるようにしたものといわれている。小川徹（１９８５）によると、地割制の本質は人別割当による貢租負担の均等化・公平化にあったという。「従ってそこに用益地（実は強制耕作地）の均等化、公平化が計《ママ》られなければならず、こうして地割組を軸とする煩瑣な組織が組み立てられた」（小川（１９８５）：14）のであった。

「地割組一覧表」

4	ハクーヤー（ユシムトゥヤー）	1.5
	ヤスーヤー	1.5
	ナカンダカリヤー	1
5	ウシュクシャ	1
	アグニヤー小	1
	ムックダヤー	1
	グラーヤー小（信太郎）	0.5
	アカイヤー小	0.5
6	トーバルヤー小（誠英）	1.5
	ヌルヤー小（崎原ヤー）	1
	チンヌクヤー	1
	カーヌメーヌウィーチー（東）	0.5
7	キンカンヤー	1.5
	キンカンヤー小	1
	グジャーヤー	1.5
8	トーバル	1
	ムトゥヘーバラドゥンチ	1
	クシヌムトゥンヤー	1
	ムトンヤー小（チンテー）	1
9	ウーグラーヤー	1.5
	カンスーヤー	1
	ニシヌヌルヤー小	1.5
10	ハカーヤー	1.5
	コーサクヤー	1.5
	ヒジャンヤー	0.5
	ウェーグニ	0.5
11	トゥナキヤー	1.5
	ウドゥヤー小	1
	ユシバルヤー	0.5

12	ウーヤヌハントゥヤー	1.5
	ウーチドゥンチ	1.5
	マグジーヤー	1
13	ドゥチデードゥンチ	1
	ニシウィーバル	1.5
	シマブック	1.5
14	メーヌハントゥーヤー	1
	ハクーヤー（カマヒー）	1
	クシヌハントゥーヤー小	2
15	メーヌトゥクーヤー	不詳
	イシジョーヤー	不詳
	クシヌトゥクーヤー	不詳
	チクドゥングワーヤー	不詳
16	ヒジャーヤー	1.5
	ウチヌウドゥヤー	1.5
	ウートーバルヤー	1
17	ナカシーヤー	1
	メームト	1.5
	トーバルヘーバラドゥンチ（南）	0.5
	ウーヤー（敬栄）（南）	1
18	シマムトウヤー（喜助）	1.5
	カーヌメー	1
	シマムトゥヤー（喜一郎）	0.5
	ハギーヤー（南）	1
19	カニクヤー	1
	ペーキンヌヤー	1
	マチーヤー	1
	ヘーバルヤー（南）	1
20	カーヌイリー	2
	トゥグチヘーバラドゥンチ	2

表 2 『渡名喜村史』の

東　字

屋　号		地
1	ウキーナカンダカリドゥンチ	1
	アカイヤー	1
	アガリヌアバシーヤー	1
	アダンナヤー	1
2	ヘーバラヌクチンダヤー	1
	ヘーバラヌムックジャー	1
	シムヌコーチ	1.5
	ギマーヤー	0.5
3	カーヌメーヌウィーチ	1
	ヤマダーヤー	1.5
	ウキーヤー	1
	カーヌアガリヌウィーチ	1
4	カーバタ	1.5
	セージヘーバラドゥンチ	1
	ウーヤヌムックジャー	1.5
5	メーヌクチンダヤー	1.5
	クシヌクチンダヤー	1.5
	クチンダヤー	1
6	ウイーバル	2
	クチンダヤー小	1
	ウシャーヤー	1
7	ウィーヌコーチ	0.5
	コーチャー小	1
	イフーヤー	1
	ウィーチャー小	1
	チンヌクヤー（西）	0.5
8	ウィージョー	2
	カマヤー	1
	ニシヌシマムトゥヤー（西）	1
9	ウィーバルヘーバラドゥンチ	1.5
	トゥクチヤー	1.5
	ヒジェーヤー	1
	ムックジヤー小	1
	メーヌムックジャー小	1
	トゥガイヤー	1
	ユジャーヤー	1
10	ウィーチャー小	1
	ソーペーヤー	1
	ユンチ	1
	ハマンヤー	1
11	クビリヌウィーバル	0.5*
	クビリヌムックダヤー（西）	1
	ニシウィーチ	1
	イリーヌアバシーヤー	1
12	ウーヌルヤー	1
	ヌルヤー小	1
	チンヌクヤー小（南）	0.5
	カーヌハタ（南）	0.5

＊「0.5 は他へ」という注記あり．

西　字

屋　号		地
1	ハクーヘーバラドゥンチ	1
	フカヌウドゥヤー	0.5
	クルーヤー小	0.5
	ヤーグワーヤー	1
2	ヒジャヘー バラドゥンチ	2
	バンジユヌハタ	2
3	クビリ	1.5
	ウェーキヘーバラドゥンチ	1
	ヘーバルヤー（東）	1.5

表2 『渡名喜村史』の「地割組一覧表」（つづき）

南 字

	屋号	地
1	ウィーヌヘーバラドゥンチ	1
	ユジヤドゥンチ	0.5
	ユンヌヤー	1
	ウィーヌヤー小（増次郎）	0.5
	ペーキン小ヤー	0.5
	アガリヌペーキン小ヤー	0.5
2	ナカンダヤー	1
	アパシナカンダカリドゥンチ	1
	ドーラーヤー	1.5
	タマイヤー	0.5
3	サケーマンヤー	1
	ウーマテーシ	1
	ウドゥヤー（バーラー）	1
	ヘーヌウーヤー	1
4	ヤマヒギヤー	1.5
	ナカンヤー	1
	コーサクヤー（伊助）	1.5
5	ンディーヤー	0.5
	イリーヌンディーヤー	0.5
	セークヤー	1
	イリーヌウブーニヤー	1
	アガリヌウブーニヤー	1
6	ハカイヤー	0.5
	クチンダヘーバラドゥンチ	1.5
	キシムトゥヤー	0.5
	ナカビヤー小（治平）	1.5
7	ハクーヤー（アカバーヤー）	1
	ユクミ	1
	ミーグワーヤー	1
	キシムトゥヤー	0.5
	マチバルヤー（西）	0.5
8	ヤマタイヤー	1.5
	マチダヤー	1.5
	ヘーヌヌルヤー小	1
9	ハクーマテーシ	2
	ンムーヤー	1
	ウチヌマテーシ	1
10	マシユーヤー	1.5
	インミーヤー	1.5
	ナビカヤー	1
11	クシヌイキバルヤー	1
	メーヌイキバルヤー	1
	グルーヤー	1
	ユジャンヤー	1
12	カーヌーヤー	0.5
	クシヌカーヌーヤー小	0.5
	アラグシクヤー	1.5
	ヤジョーヤー	1.5
13	ヤンバルヤー	1
	ミーグワーヤー（広重）	1.5
	ハマヌハタヌヘーバルヤー	1
	ミーガーヤー	0.5

注）渡名喜村編集委員会編（1983 b）: 909-912 より.
・原表には誤記または誤植と思われる箇所がいくつかあるが，ここではそれらを改めず，原表に忠実に写した.
・同じ屋号が異なる組に同時に登場する場合がいくつかあるが，これについては本文中で述べる.
・各組の番号は著者が付けたもので，原表にはない.

渡名喜島でも、このような地割組がかつて存在していた。それゆえに、先に触れた『渡名喜村史下巻』巻末の「付録と参考資料」の中に、「地割のクナ（組）」として、表2のような内容のものが4ページにわたって掲載されているのである。しかし、これらの組が、いつの時代に編成されたものなのか、また久高島の地割組のように各組に固有の名称は付されなかったのか、などといった表の内容に関わる説明は、いっさい付けられていない。

ここに再現する表2から読み取れるのは、おおよそ次のようになろう。

（1）東、西、南の各字ごとに、3～4戸がまとまって一つの組が形成されている。組の数は、三つの字合わせて45である。

（2）それぞれの組を形成する家は、屋号で示されている。

（3）各組内の各家の保有耕地割合を示す「持地」が数字で表現されているが、それの合計はいくつかの例外を除いておおむね四地になっている。これが前述した田村のいう「一ハチ」になっている。

このほかに渡名喜島における地割組について言及している文献類は、管見のかぎりでは皆無であった。

一方、渡名喜村役場には、「昭和十六年四月一日調査記録」と添え書きのある「一筆限調書」が保存されていた。そこには、島内各字各筆の地目、地籍（面積）、や等級などとともに、各筆所有者の地番と氏名が書き込まれている。この所有者名と地番とを、『渡名喜村史』所収の諸資料、とくに下巻末の「門中《もんちゅう》系譜図」と「世帯主一覧」、および渡名喜村役場総務課の「世帯名簿」、そして現地での聞き取り調査で得られたデータによって、屋号と照合し、各筆の所有者を表2の組別に整理し図示してみた。すると、ある程度予測されたことではあったが、地割組ごとにまとまった耕地所有がなされている姿が、みごとに浮かび上がってきたのである。

しかもそれらの各地割組は、同じ字内に単一の土地ブロックを所有しているのではなく、たいていの場合複数の土地ブロックを所有していることも判明した。逆に、もし耕地の所有が地割組ごとにまとまってなされ、しかもそれが複数の土地ブロックにわたってそうであるならば、そこから昭和16年の時点での地割組の編成が復元できることになろう。

ところで、組別の土地所有のありかたは、表2の組そのままというわけではなく、むしろ例外がかなりある。しかし、それらの例外を子細に検討してゆくと、その組み合わせは一地区だけでなく、いくつかの地区で見られるものであった。そうだとすれば、それは実は「例外」ではなくて、その方が正しい地割組を示しているのではないか。このように考えて地籍図と「一筆限調書」との照合作業を進めた結果が、図4～図8である。また図3は、各図片の島内における位置関係を示す索引図である。そして、これらから帰納的に導き出された地割組の編成が、表3である。

図4では、組別土地所有がはっきりしないところが圧倒的に多いものの、ほかの図5～図8ではほぼもれなく、ある土地ブロックがどれかの地割組に属するという状況が明らかになった。

結果から見て、『渡名喜村史　下巻』にある「地割組一覧表」（表2）には、かなり修正の必要なところが含まれていることが判明したのである。では、修正すべき点とはどのようなことか、検討してみよう。

まず、屋号表記の検討に当たって、いくつか問題があった。一つは、屋号名称のいわば核となる部分に、「アガリヌ…」、「イリヌ…」、「メーヌ…」、「クシヌ…」、「…小《ぐわー》」などの接尾辞や接頭辞を付けたものが多く、その点に由来する混同が、表2にはしばしば見られたことである。また、表2には同一屋号でカッコ内に世帯主と思われる人名を描き入れて区別したものがいくつかあり、屋号表記の歴史性や流動性をうかがわせた。考えてみると、屋号は住民の間で慣用されることによって次第に定着してゆくものであり、それには当然、一定の時間が必要となるはずである。表2に見られるいくつかの同一屋号は、そうした屋号定着のプロセスの一局面を示しているのではないかと解された。

加えて表2には、個人名をもとに付けられたとおぼしき屋号、たとえば「マグジー（孫次）ヤー」とか「エイジロー（栄次郎）ヤー」などと、それに比べてより一般的な呼称、たとえば「ウィーバ

「地割組一覧表」

E11	E1789	イリーヌヘーバルヤー	1	上原	S
	E1811-1	ウィーチャーグワー	0.5	上原	S
	E1833	クビリヌウィーバル	0.5	上原	S
	W1837	クビリヌムックダヤー	1	桃原	W
	W1845	ニシウィーチ	1	上原	S
E12	E1835	ウーヌルヤー	1	上原	S
	W1881	ヌルヤーグワー	1	上原	S
	S1918	アラダシクヤー	1.5	新城	?
	S1969	カーヌハタ	0.5	比嘉	S
W1	W1850	クルーヤー(グワー)	0.5	比嘉	W
	W1901	フカヌウドゥヤー	1.5	比嘉	W
	W1906	ハクーヘーバラドゥンチ	1	南風原	K
	W1915	ヤーグワーヤー	1	比嘉	K
W2	W1850	クルーヤー(グワー)	0.5	比嘉	W
	W1886	ヒジヤヘーバラドゥンチ	2	比嘉	K
	W1934	バンジユヌハタ	1.5	南風原	K
W3	E1788	ヘーバルヤー	1.5	比嘉	N
	W1836	クビリ	1.5	渡口	K
	W1878	ウェーキヘーバラドゥンチ	1	宮平	K

W4	W1838	ユシムトゥヤー	1.5	桃原	W
	W1891	ヤスーヤー	1.5	南風原	W
	W1903	ナカンダカリヤー	1	桃原	W
W5	E1823	ムックダヤー	1	上原	W
	W1847	アグニヤーグワー	1	比嘉	K
	W1883	ウシュクシャヤー	1.5	宮平	W
	W1898	ダラーヤーダワー	0.5	桃原	W
W6	E1822	カーヌメーヌウィーチ	0.5	上原	S
	W1880	ヌルヤーグワー(崎原ヤー)	1	上原	S
	W1884	トーバルヤーグワー	1.5	桃原	W
	W1889	チンヌクヤー	1	比嘉	K
W7	W1846	キンカンヤーグワー	1	桃原	W
	W1928	キンカンヤー	1.5	桃原	W
	W1929	グジャーヤー	1.5	桃原	N
W8	W1876	(クシヌ)ムトゥンャー	1	宮平	N
	W1931	ムトンヤーグワー(チンテー)	1	宮平	N
	W1932	トーバル	1	上原	S
	W1933	ムトゥヘーバラドゥンチ	1	宮平	N

表 3　昭和 16 年時点での

区分[1]	住居地番[2]	屋号名[3]	耕地配分[4]	姓[5]	殿[6]
E1	E1794	アガリヌアッバシヤー	1	上原	S
	E1801	アカイヤー	1	上原	S
	E1821	ウキーナカンダカリドゥンチ	1	上原	S
	E1827	アダンナヤー	1	上原	N
E2	E1814	シムヌコーチ	1.5	上原	K
	E1815	ヘーバラヌムックジヤー	1	比嘉	N
	E1816	ヘーバラヌクチンダヤー	1	上原	S
	E1818	ギマーヤー	0.5	上屋	?
E3	E1810	カーヌアガリヌウィーチ	1.5	上原	S
	E1811	ヤマダーヤー	1	上原	S
	E1822	カーヌメーヌウィーチ	0.5	上原	S
	E1825	ウキーヤー	1	上原	S
E4	E1807	セージヘーバラドゥンチ	1	比嘉	N
	E1808	ウーヤヌムックジャー	1	比嘉	N
	E1812	カーバタ	2	上原	S
E5	E1803	クシヌクチンダヤー	1.5	上原	S
	E1804	クチンダヤー	1	上原	S
	E1809	メーヌクチンダヤー	1.5	上原	S
E6	E1805	ウシャーヤー	1	上原	S
	E1828	クチンダヤーグワー	1	上原	S
	E1830	ウィーバル	2	上原	S
E7	E1798	イフーヤー	1	桃原	W
	E1819	コーチヤーダワー	1	上原	K
	E1826	ウィーヌウィーチ	1	上原	S
	E1829	ウィーヌコーチ	0.5	上原	K
	E1833-k	クビリヌウィーバル	0.5	上原金	k
E8	E1806	カマヤー	1	鳥袋	K
	E1831	ウィージョー	1	上原	N
	W1843	ニシウィジョーグワー	1	上原	N
	W1844	ニシヌシマムトゥヤー	1	渡口	N
E9	E1784	ヒジェーヤー	1	比嘉	W
	E1786	ウィーバルヘーバラドゥンチ	1.5	仲村渠	S
	E1824	トゥグチヤー	1.5	渡口	N
E9’	E1795	トゥガイヤー	1	比嘉	N
	E1797	ムックジャーグワー	1	比嘉	N
	E1802	メーヌムックジャーグワー	1	比嘉	N
	E1832	ユジャーヤー	1	上原	K
E10	E1792	ソーベーヤー	1	上原	S
	E1793	ユンチ	1	上原	N
	E1796	ハマンヤー	1	上原	N
	E1799	ウィーチャーグワー	1	上原	S

「**地割組一覧表**」（つづき）

S1	S1924	ユジャドゥンチ	0.5	渡口	S
	S1939	ウィーヌヘーバラドゥンチ	1	渡口	S
	S1946	ウィーヌヤーグワー	0.5	渡口	S
	S1958	ユンヌヤー	1	又吉	N
	S1966-1	ベーキングワーヤー	0.5	渡口	S
	S1966-2	アガリヌベーキングワーヤー	0.5	又吉	S
S2	S1922	タマイヤー	0.5	南風原	W
	S1926	ドーレーヤー	1.5	仲村渠	S
	S1940	アバシナカンダカリドゥンチ	1	比嘉	K
	S1965	ナカンダヤー	1	桃原	K
S3	S1967	ヘーヌウドゥヤー	1	比嘉	W
	S2004	ヘーヌウーヤー	1	比嘉	S
	S2006	ウーマテーシ	1	又吉	K
	S2007	サケーマンヤー	1	上原	S
S4	S1941	ナカンヤー	1	桃原	W
	S1942	コーサクヤー	1.5	比嘉	K
	S1945	ヤマヒギャー	1	比嘉	K
	S1990	コーサクヤーグワー	0.5	比嘉	K
S5	S1985	アガリヌウブーニヤー	1	上原	S
	S1986	イリーヌウブーニヤー	1	上原	S
	S1987	セークヤー	1	渡口	N
	S1989	ンディーヤー	0.5	渡口	N
	S1989-1	イリーヌンディヤー	0.5	渡口	N
S6	S1971	ナカビヤーグワー	1.5	宮平	N
	S1995	クチンダヘーバラドゥンチ	1.5	南風原	S
	S1996	キシムトゥヤー	0.5	比嘉	W
	S2002	ハカイヤー	0.5	大城	N
S7	W1913	マチバルヤー	0.5	渡口	K
	S1948	ユクミ	1	比嘉	S
	S1991	キシムトゥヤー	0.5	比嘉	K
	S2003	ハクーヤー（アカバーヤー）	1	比嘉	K
	S2005	ミーグワーヤー	1	宮平	W
S8	S1923	ヤマタイヤー	1.5	宮平	S
	S1925	マチダヤー	1.5	松田	K
	S1973	ヘーヌヌルヤーグワー	1	比嘉	W
S9	S1938	ウチヌマテーシ	1	又吉	K
	S1944	ハクーマテーシ	2	又吉	K
	S1944-1	クシヌハクーマテーシ	2	又吉	K
	S1951	エイジローヤー	2	又吉	K
	S1998	ンムーヤー	1	比嘉	S

表3　昭和16年時点での

区分[1]	住居地番[2]	屋号名[3]	耕地配分[4]	姓[5]	殿[6]
W9	W1854	ニシヌヌルヤーグワー	1.5	上原	S
	W1861	カンスーヤー	1	桃原	W
	W1862	ウーグラーヤー	1.5	桃原	W
W10	W1857	(イリーヌ) ヒジャンヤー	0.5	比嘉	K
	W1882	ウェーグニ	0.5	比嘉	W
	W1895	(イリーヌ)コーサクヤー	1.5	比嘉	K
	W1896	ハカーヤー	1.5	比嘉	W
W11	W1839	ユシバルヤー	2	宮平	W
	W1865	トゥナキヤー	1	桃原	W
	W1871	ウチヌウドゥヤーグワー	1	宮平	W
W12	W1875-1	マグジーヤー	1	桃原	W
	W1892	ウーチドゥンチ	1.5	比嘉	N
	W1893	ウーヤヌハントゥヤー	1	又吉	S
	W1902	メーヌハントゥーヤー	0.5	又吉	S
W13	W1867	シマブック	1.5	桃原	K
	W1869	ドゥチデードゥンチ	1	比嘉	W
	W1871	ニシウィーバル	1.5	上原	S
W14	W1866	クシヌハントゥーヤグワー	2	又吉	S
	W1872	ハクーヤー(カマヒー)	1	比嘉	S
	W1902	メーヌハントゥーヤー	1	又吉	S
W15	W1904	メーヌトゥクヤー	2	大城	K
	W1905	クシヌトゥクヤー	2	大城	K
	W1916	イシジョーヤー	2	大城	K
	S1994	ウフーヤーダワー	2	南風原	?
	W1911-1	チクドゥンダワーヤー	2	比嘉	S
W16	W1873	ウチヌウドゥヤー	1.5	比嘉	W
	W1875	ウートーバルヤー	1	桃原	W
	W1890	ヒジャーヤー	1.5	比嘉	W
W17	W1885	メームトゥ	1.5	桃原	N
	W1887	ナカシーヤー	1	桃原	W
	S1950	ウーヤー	1	比嘉	N
	S1963	トーバルヘーバラドウンチ	0.5	桃原	K
W18	W1909	シマムトゥヤー	2	渡口	N
	W1927	カーヌメー	1	渡口	N
	S1980	ハギーヤー	1	上原	S
W19	W1848	カニクヤー	1	比嘉	W
	W1868	ペーキンヌヤー	1	比嘉	W
	W1874	マチーヤー	1	比嘉	W
	S1920	ヘーヌヘーバルヤー	1	南風原	K
W20	W1907	トゥグチヘーバラドゥンチ	2	南風原	K
	W1908	カーヌイリー	2	南風原	N

表 3　昭和 16 年時点での「地割組一覧表」（つづき）

区分 1)	住居地番 2)	屋号名 3)	耕地配分 4)	姓 5)	殿 6)
S10	S1954	ナカビヤー	1	宮平	N
	S1955	インミーヤー	1.5	比嘉	K
	S1983	マシューヤーグワー	0.5	比嘉	K
	S2001	マシューヤー	1	比嘉	K
S11	S1921	グルーヤー	1	上原	S
	S1952	メーヌイキバルヤー	1	上原	N
	S1960	クシヌイキバルヤー	1	上原	N
	S1981	ユジャンヤー	1	上原	S
S12	?	カーヌーヤー	0.5	?	S
	?	クシヌカーヌーヤーグワー	0.5	?	S
	?	アラグシクヤー	1.5	?	?
	S1953	ヤジョーヤー	1.5	宮平	N
S13	E1823	ムックダヤー	0.5	上原	W
	S1957	ミーグワーヤー（広重）	1.5	宮平	W
	S1972	ハマヌハタヌヘーバルヤー	1	比嘉	S
	S1982	ヤンバルヤー	1	又吉	N
S14	S1949	ユシカーヤー	0.5	又吉	K
	S1961	（イリーヌ）ウフーヤー	1	南風原	K
	S1962	（アガリヌ）ウフーヤー	1	南風原	K
	S1964	イリートーバル	1	桃原	K
	S1984	カメーンヤー	0.5	比嘉	S
N1	W1841	ニシヘーバランヤーグワー	0.5	宮平	?
	S1953	ヤジョーヤー	0.5	宮平	N
	S1956	ソーロクヤー	0.5	大城	K
	S1959	ウーグシクヘーバラドゥンチ	1.5	大城	K
	S1975	ヒジヤチクドゥン	1	比嘉	S
N2	W1858	ヤブンメーグラーヤー	1	桃原	W
	W1864	ウクマチャーグワー	1	比嘉	W
	W1871	ウクマチヤー	1	比嘉	W
	S1979	カッチナーヤー	1	上原	S

1）原表（表 2）にはないが，区別のため記号をつけた．E は東，W は西，S は南の各字を意味し，続く番号は原表の順にしたがってつけたもの．
2）地番は原則として現在すなわち 1990 年春の時点のもの．ただしこの時点ですでに無住になっている場合もあり，それらは昭和 16 年当時存在していたものと仮定して記してある．
3）原表は屋号表記のみだが，混同から同一屋号が複数にまたがる場合があり，それらはできるだけ確認し修正した．ただし，それでも複数の組にまたがるものが皆無になったわけではない．これについては，本文中で考察する．
4）各組の持地比率で，数字の合計が「4」となるように勘案したもの．
5）姓は「一筆限調書」に記載されている所有者のもの．
6）S は「サトゥドゥン」，K は「クビリドゥン」，N は「ニシバラドゥン」，W は「ウェーグニドゥン」を表わす．説明は本文中に．

ル（上原）」とか「トナキヤー（渡名喜家）」とが混在している。もちろん、前者の方がより新しい時代の分家と考えられる。これら新設戸（分家）は、なるべく昭和16年当時の物をそのまま掲げることとし、持地のところで本家との統一をはかった。

さらに、屋号名からしてその家の相対的位置を把握できるもの（たとえば「カーヌメー」ならばカーすなわち井戸のメー（前）ということ）もあった。該当する地番のところが実際にはすでに無住になっている場合も多かった。

これらを、それぞれの資料にもとづいて検討し、もっとも無理なく解釈できる形で屋号欄を作成したのが表3である。表3では、屋号表記も現在の慣用名になるべく統一してある。

次に、耕地配分（持地）の欄である。さきに述べたように、地籍図と「一筆限調書」との対象作業をすすめて図4～図8を得たのであるが、ある組の所有地（必ずしも正確な表現ではないが、便宜上いまはこうしておく）の組内部での配分は、この持地比率によりなされているはずである。ところが、実際にはこれも表2の通りではなく、場合により持地率の小さい家の耕地のほうが広かったり、その逆であるケースが見られたりする。そこで、なるべく現状に合う、しかも各家の比率の数値の合計がどの組でも四になるような数値に書き換えてみた。

表2では、耕地配分比率を示す数字の合計が四にならない組が、字東の3番、9番、11番の三つある。このうち9番の組は、所有地から見て本来二つの別々の組がいっしょに表記されている

ものと考えられ、これらをE９番とE９'番とに分割した。残る３番と11番は、組構成家の異動で解釈できる。また表２には合わせて45の地割組があげられているが、上述の作業の結果として、表３では新しく存在が「確認」されたもの（E９'、S14、N１、N２）が加えられると同時に、実態として存在しないもの（S12）が示されており、結果として輿の総数は48を数えることになっている。

それから、表２に数戸ある、複数の地割組に同時に属する家（同一屋号の家）が、表３では四つに減っている。このうち、あるもの(住居地番S１９９１と同じくS１９９６)は屋号名のみ同一(識別不能)であるが地番などは異なっており、明らかに別の家だと判断できる。またあるもの（住居地番W１８５０と同じくW１９０２）は、そのまま複数の組に属すると考えると上述の作業がうまくできたために、このような形になったのであるが、もともとまったく違う家が昭和16年以前に全所有地をこれらの家に売却していた場合も想定できないことはなく、より詳しい別のデータで再考せねばならない。残るケースは、地番と屋号が同じで「一筆限調書」による所有者のみが異なっていたものである。これにも、W１８５０とW１９０２の場合に推定したと同様の事情も考えられる。

3　昭和16年の地割組の組成分析

さて、このようにして表３の地割組表ができあがった。これは、前記のように「昭和十六年四月一日調査記録」という附記のある「一筆限調書」をもとにしているので、いちおうこれを「昭和十六年の地割組表」と呼んでおこう。この表をもとにして、当時の地割組の実態についていくつか検討を加えてみたい。

（1）字高田の微細耕地部分

渡名喜島の地籍図を見ると、渡名喜集落近傍の短冊状土地区画のほかに、その周囲の状況とははっきり異なる土地区画の様相を呈しているところが２カ所ある。一つは字高田《たかだ》の一部（図９参照）であり、もう一つは字安在良《あんじぇーら》の一部（図１参照）である。どちらもともに、島では集落付近以外に見られる数少ない小さな平坦地にあたっている。ここには、地籍図によると、短冊状と表現するにはあまりにも微細すぎる大きさの耕地片が密集しており、中には一つの耕地片の広さが３坪とか４坪といった大きさしかないものもある。

この２カ所は現集落からはいくぶん離れたところにあり（図１参照）、集落近傍の耕地部分に比

字高田
0
100m

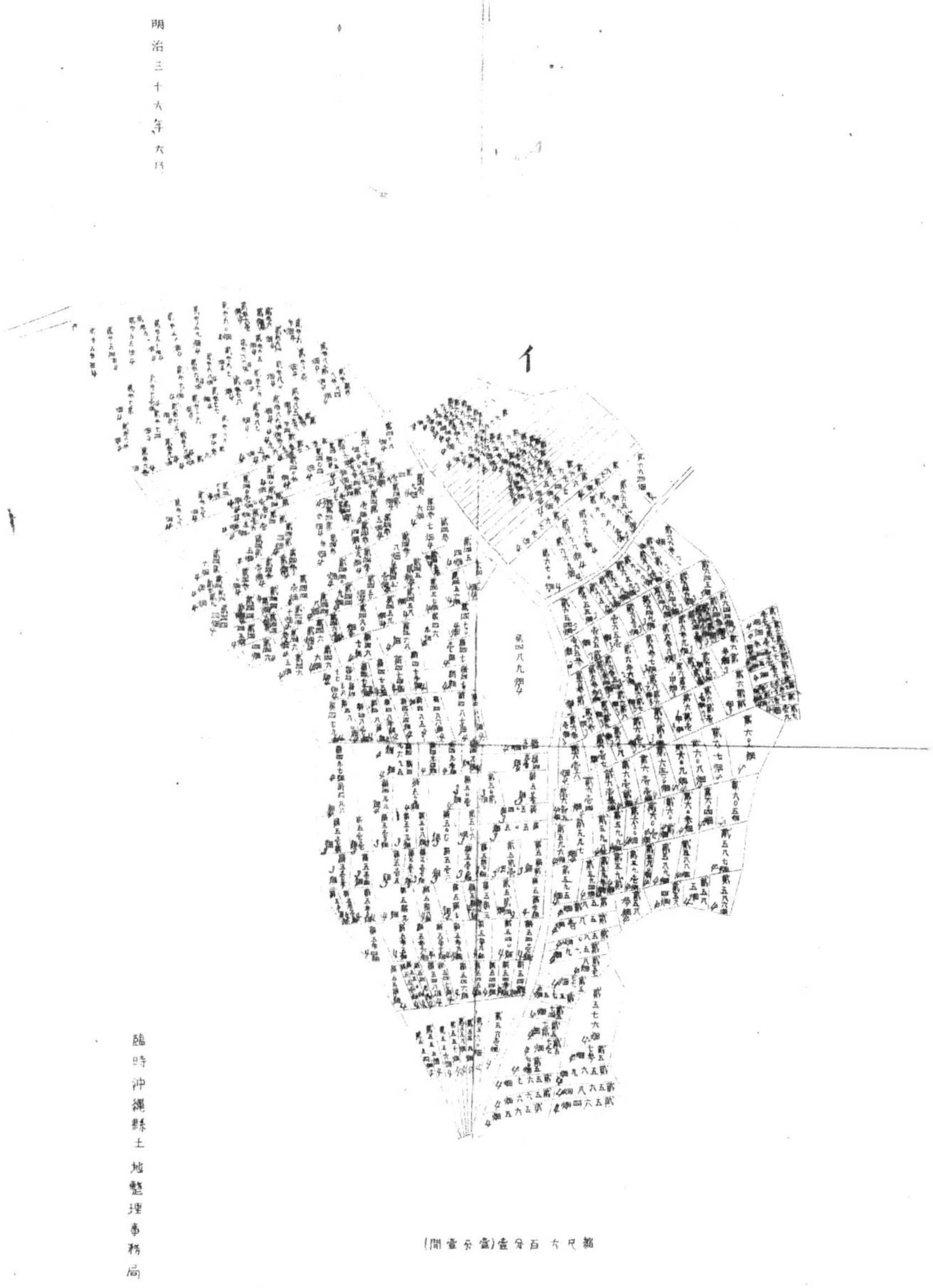

図 9　字高田の微細耕地部分の新旧地籍図

左側が明治 36 年 8 月臨時沖縄県土地整理事務局作成の地籍図で，右側が 1984 年作成の地籍図．土地区画の原理が，周囲とは明らかに様相が異なるのが明瞭に表われている．

組別土地所有状況

W5	E1823	1	21（3）
	W1847	1	23（3）
	W1883	0.5	28（2）
	W1898	0.5	9（2）
W6	E1822	0.5	14（2）
	W1880	0.5	19（2）
	W1884	1.5	31（2）
	W1889	1.5	35（2）
W7	W1846	1	10（2）
	W1928	1.5	26（2）
	W1929	1.5	26（2）
W8	W1876	1	22（2）
	W1931	1	19（2）
	W1932	1	17（2）
	W1933	1	23（3）
W9	W1854	1.5	24（2）
	W1861	1	41（2）
	W1862	1.5	32（2）
W10	W1857	0.5	18（2）
	W1882	0.5	9（1）
	W1895	1.5	33（2）
	W1896	1.5	28（9）
W11	W1839	2	39（2）
	W1865	1	19（2）
	W1877	1	20（2）
W12	W1875-1	1	20（2）
	W1892	1.5	39（2）
	W1893	1	
	W1902	0.5	11（1）
W13	W1867	1.5	28（2）
	W1869	1	19（2）
	W1871	1.5	22（2）

W14	W1866	2	44（2）
	W1872	1	7（1）
	W1902	1	14（1）
W15	W1904	1.5	26（2）
	W1905		
	W1916		
	S1994	0.5	
	W1911-1	2	26（2）
W16	W1873	1.5	35（3）
	W1875	1	19（1）
	W1890	1.5	31（2）
W17	W1885	1.5	33（2）
	W1887	1	23（1）
	W1950	1	24（13）
	S1963	0.5	14（2）
W18	W1909	2	32（2）
	W1927	1	25（2）
	S1980	1	21（3）
W19	W1848	1	11（2）
	W1868	1	24（2）
	W1874	1	23（2）
	S1920	1	17（2）
W20	W1907	2	41（2）
	W1908	2	44（2）
S1	S1924	0.5	8（1）
	S1939	1	19（2）
	S1946	0.5	13（2）
	S1958	1	15（2）
	S1966a	0.5	8（1）
	S1966b	0.5	9（1）
S2	S1922	0.5	10（2）
	S1926	1.5	29（2）
	S1940	1	21（2）
	S1965	1	36（2）

表 4　字高田の微細耕地部分の

区分	住宅地番	耕地配分	所有耕地面積（筆数）
E1	E1794	1	47（2）
	E1801	1	17（2）
	E1821	1	20（2）
	E1827	1	22（2）
E2	E1814	1.5	30（2）
	E1815	1	19（2）
	E1816	1	19（2）
	E1818	0.5	13（2）
E3	E1810	1.5	29（3）
	E1811	1	21（1）
	E1822	0.5	5（2）
	E1825	1	20（2）
E4	E1807	1	21（2）
	E1808	1	25（2）
	E1812	2	38（3）
E5	E1803	1.5	27（2）
	E1804	1	21（2）
	E1809	1.5	36（3）
E6	E1805	1	
	E1828	1	30（2）
	E1830	2	
E7	E1798	1	20（2）
	E1819	1	17（2）
	E1826	1	9（1）
	E1829	0.5	14（2）
	E1833k	0.5	16（2）
E8	E1806	1	30（3）
	E1831	1	19（1）
	W1843	1	
	W1844	1	30（2）
E9	E1784	1	18（2）
	E1786	1.5	30（2）
	E1824	1.5	40（3）
E9’	E1795	1	20（2）
	E1797	1	23（2）
	E1802	1	24（2）
	E1832	1	20（2）
E10	E1792	1	23（2）
	E1793	1	22（2）
	E1796	1	25（2）
	E1799	1	20（2）
E11	E1789	1	20（2）
	E1811a	0.5	11（1）
	E1833	0.5	8（1）
	W1837	1	20（2）
	W1845	1	21（2）
E12	E1835	1	22（2）
	W1881	1	23（2）
	S1918	0.5	30（2）
	S1969	0.5	10（1）
W1	W1850	0.5	10（-）
	W1901	0.5	33（2）
	W1906	1	22（2）
	W1915	1	26（2）
W2	W1850	0.5	9（-）
	W1886	2	34（2）
	W1934	1.5	26（2）
W3	E1788	1.5	25（2）
	W1836	1.5	28（2）
	W1878	1	18（2）
W4	W1838	1.5	33（2）
	W1891	1.5	29（2）
	W1903	1	21（2）

表 4　字高田の微細耕地部分の組別土地所有状況（つづき）

区分	住宅地番	耕地配分	所有耕地面積（筆数）
S3	S1967	1	18（2）
	S2004	1	27（2）
	S2006	1	18（2）
	S2007	1	19（2）
S4	S1941	1	32（2）
	S1942	1.5	21（2）
	S1945	1	31（2）
	S1990	0.5	11（2）
S5	S1985	1	19（2）
	S1986	1	15（2）
	S1987	1	16（2）
	S1989	1	19（2）
	S1989-1		
S6	S1971	1.5	38（2）
	S1995	1.5	23（2）
	S1996	0.5	9（2）
	S2002	0.5	24（2）
S7	W1913	0.5	
	S1948	1	16（2）
	S1991	0.5	11（2）
	S2003	1	18（2）
	S2005	1	20（2）
S8	S1923	1.5	28（2）
	S1925	1.5	27（2）
	S1973	1	19（2）
S9	S1938	1	29（2）
	S1944		
	S1944-1	2	39（2）
	S1951		
	S1998	1	27（2）
S10	S1954	1	19（2）
	S1955	1.5	14（2）
	S1983	0.5	11（2）
	S2001	1	24（2）
S11	S1921	1	18（2）
	S1952	1	24（2）
	S1960	1	19（3）
	S1981	1	29（4）
S13	E1823	0.5	10（1）
	S1957	1.5	36（3）
	S1972	1	16（2）
	S1982	1	20（2）
S14	S1949	0.5	11（2）
	S1961	1	22（3）
	S1962	1	24（2）
	S1964	1	28（2）
	S1984	0.5	16（3）
N1	W1841	0.5	9（2）
	S1953	0.5	6（1）
	S1956	0.5	19（2）
	S1959	1.5	28（3）
	S1975	1	19（3）
N2	W1858	1	14（2）
	W1864	1	19（2）
	W1897	1	20（2）
	S1979	1	24（3）

注）各項目は，表 3 の注を参照．なお S12 組は，すでに述べた理由によりこの表からは省いてある．耕地は三等地と四等地が混在しているが，合計した数字を記した．空欄は，持地がないことを示す．

べてそこでの耕作開始時期が遅かったことをうかがわせる。なお、１９８７年時点では両地とも耕作放棄の状態にあって、かなり背の高い雑草が生えた荒れ地と化していた。それにしても、この微細な耕地片の凝集した不自然さ(少なくとも耕作効率の点から見た場合、そういうしかあるまい)は、いったい何が理由なのだろうか。

表４は、字高田の微細耕地部分について、前述の「一筆限調書」により各筆の所有者を割り出し、それを表３で想定した当時の地割組ごとに整理したものである。というのは、この字高田の耕地は集落近傍の短冊状耕地のような、組ごとにまとまった土地所有状況が見られず、いわば不規則に所有者が分布しているからである。

表４を見ると、過半数の組で、組内の耕地配分比率に即した耕地配分がなされているほか、そうでない組でも一部の数字を変更すれば耕地比率通りの耕地配分になるものがほとんどである。また、この耕区では「一地」がだいたい20坪（約66平方メートル）であることが判明する。

これらのことをどのように評価するべきかは、なかなか難しい。両耕地部分が新規に開発されたところであって、その開墾が共同でなされたため、面積的に平等になるような耕地片の配分がなされたのかもしれない。しかし、とにかくここでは、表３の耕地配分比率が別の形でも裏付けられたことのみを強調しておくにとどめたい。字高田の微細耕地部分の開発時期が問題になる（著者は、集落周辺の耕地よりはずっと新しい時代の開発ではないかと考えているが）けれど、渡名喜島では１９０３年以降も「地割制度」は実態としては廃止されず、その精神は継続されていたのかもしれない。

（２）地縁性

表３の各組を見ると、たとえばＥ２、Ｅ４、Ｅ５などのように、その組を構成する家々が地籍図の上でももれなく隣り合っているものがいくつかある。ただ、全体として見た場合には、多くの組が宅地を隣り合わせるという意味での地縁的な関係を持つとは断言しにくい。ただし、そうでない組にも、地番が隣り合うものが同じ組に属しているケースが数多く見られるので、まったく地縁的な関係がないともいいにくいところである。

土地台帳の上で見られる宅地部分の所有権移転の事例は、決して少なくなく、また島外へ去った家の宅地の処理（管理のみを島内に残る他家―その多くは血縁関係をもつ人の住む家―に委託している場合が多いという）や、新しい分家創出の際の新居設立など、とくに近年におけるこうした宅地所有移転の事例はかなり多く見られる。これらが、もともとあった地縁的な関係を、表面的に覆い隠している、または攪乱している要因であるとも考えられる。

さかのぼって考えれば、そもそも現渡名喜集落自体が、島の北部にある里宮《さとみや》の近辺に居住していた人々が平坦地に移動してできたものであるといわれており、先に紹介した田村（1927）にもそうした記述があったこともすでに紹介した。これも先述したとおり、渡名喜集落は、碁盤目型の集落形態をしているわけで、それはつまり計画的に集落内の宅地配分が行なわれた、すなわち自然発生的に集落が成立拡大していったわけではないことを意味する。宅地を隣り合わせるという意味での地縁性は、現在ではすでに人為的なものしか、うかがい知れないことになる。

（3）血縁性

血縁性の考察は、「姓」と「トゥン（殿）」への帰属という二つの側面から行なう必要があろう。表3にある「姓」の欄には、その組を構成する各家の姓が記入されている。このうち、組構成戸の姓がすべて同じなのは、48組中の9組だけである。渡名喜島では、表からもわかるように、上原《うえはら》、桃原《とうばる》、比嘉《ひが》、渡口《とぐち》、南風原《はえばる》、又吉《またよし》、宮平《みやひら》の七つの姓のうちのどれかをもつ家がほとんどであり、この他の姓はほんのわずかしかない。そうした中でも9組である。本家と分家との関係にしても、前に述べた「接頭辞や接尾辞を付けた屋号」をもつ家は、その多くが「接辞のない屋号」をもつ家からの分家と思われるが、それらが必ず本家と同じ地割組に属しているとは限らない。よって、地割組と姓との関係が、稀薄であるといわざるをえない。これも、たび重なる割替のゆえであろうか。

渡名喜島には、代表的な祭祀行事として「シマノーシ（島直し）」と呼ばれるものがある。「三年マーイ（回り）」つまり隔年の、旧暦5月1日から5日間実施される祭祀であるが、島内にある四カ所の「トゥン」と呼ばれる祭祀場で1日ずつ儀礼が行なわれた後、最終日に「ノーイガミ」という神送り行事があって、クライマックスに達する。

四カ所ある「トゥン」（殿という字をあてることが多い）は、それぞれ「サトゥドゥン」、「クビリドゥン」、「ニシバラドゥン」、「ウェーグニドゥン」と呼ばれる。島の人々は、原則として家単位で、この四つの「トゥン」のいずれかに属し、祭祀の時にはそれぞれの属する「トゥン」の行事のみに参加することになっている。つまり「トゥン」というのは、聖地であり拝所であると同時に、島の人々を四つの祭祀集団に分割する機能をもつものである。こうした「トゥン」への帰属は、「原則として男系原理に基づいていて、同じ殿に所属し、共通なる出自を認識しているのである」。

表3の「殿」の欄は、それぞれの家が属する「トゥン」を記号で示したものである。認定に際しては、主に『渡名喜村史　下巻』所収の資料を利用した。48組中、わずかに7組だけが、構成家全部が同一「トゥン」所属であるにすぎないが、かといってまったくそこに規則性がないかと言えば、そうとも言い切れない面もある。

以上見てきたように、地割組の血縁性の有無についても、今のところ確実な断定を下すことはできないと思われる。

4　地割組と渡名喜集落の移動

ここまで、昭和16年の地割組表の復元を試み、それをもとにして地割組の組成について諸方面から考えてきた。その結果、現在の時点では、渡名喜島の地割組の組成は、血縁制についても地縁性についても、相関性があるとは断定できないことが明らかになった。

ところで、以前に紹介した、地割制度に関する古典的な著作である仲吉朝助の論考に描き出されている地割組（「與」）と、これまで分析してきた渡名喜島の地割組とを比較してみると、そこに大きな相違があるのを見て取ることができる。

仲吉によれば、「與」は１人の「與頭《くみがしら》」なる名誉職を占拠して「與」の公務を取扱」う「琉球王府より公認せられたる機関」であって、ふつう一つの村に「数個」あるものとされている。したがってその構成員数も、十数戸ないし二十数戸という例が多いというから、渡名喜島の地割組のように、3～5戸からなる組が50近く存在するようなケースは、特異なものであるということになる。また組成立の目的としては、貢租《こうそ》の連帯支弁《しべん》と共同耕作であるとしているが、渡名喜島の場合、前者はともかく後者については、一筆の面積規模からいって、共同耕作組織としては面積が小さすぎる、あるいは構成員数が多すぎるように思われる。地割制度に関して、よく渡名喜島と並び称される久高島の例をみても、戸数、人口とも渡名喜よりやや小規模ながら、構成員15名からなる地割組が10個存在するのである。この点にかんがみると、規模からいってほかの島々の事例と同列に論じ得るのは、渡名喜島の場合、むしろ字レベルということになりはしないだろうか。

そうだとすると、ここに一つ、次の課題が浮かび上がってくる。それは、前に何回か触れた、里宮付近から現在地への集落移動の時期と、この島における地割制度施行の時期殿前後関係についての問題である。

図3のa～b、d～eの部分（図4、図5、図7、図8をそれぞれ参照）と斜線で示された集落部分（字西《あざにし》および字南《あざみなみ》）との相互位置関係を見ると、もともとはa～b、d～eの畑地は連続しており、そこに集落が乗っかるかたちで後に展開したのではないかと思えるふしがある。というのは、短冊状耕地の長辺の方向が、a～bでは南に向かうにつれて東西方向からやや南下がりになり、その下り方を延長してゆくと、ちょうどd～eの部分の短冊の方向に合致するように見えるからである。またdの部分と集落とが接するところのギザギザした形の不自然さも、宅地部分が後に一部の畑地部分の上に展開したと考えると、つじつまが合うように思える。

こうした耕地および宅地の形態上の特徴から判断されることも加えると、渡名喜島では地割制度が施行されたあとで、現在の位置に集落が移動してきたのではないかということが想定されるのである。実際、集落を構成する三つの字のうち、字東《あざひがし》がもっとも古くからの集落であり、字西と字南はそれに比べると新しくできた集落であるという「伝承」は、今でも島の人々によって受け継がれている。

つまり、渡名喜島において地割制度が施行される以前に、里宮付近になんらかの集団（形態上は集落）が、おそらく複数成立していた。その集団が、地割制度施行にともない、まず現在の字東部分に移動して集落を形成し、周囲に短冊状の耕地を開いていった。そのあと、どれくらいの時間をおいてかはわからないが、島の人口が増大していき短冊状耕地の部分に覆いかぶさるような形で、字西および字南に集落が拡大していったと考えられるのである。前に引いた田村（１９２７）に、これと同じ趣旨のことがすでに記述されていた。田村がどのような根拠でそう言明したのかは定かではないが、地割組の構成を分析し、それに加えて実際の地割遺構を景観として眺めてみることで、確かに田村の想定が裏づけられたことになる。

もちろん、字がそのまま地割組に想定されるというのではない。そのように推定するための根拠は、現時点では何もない。字がそのまま地割組だとすると、逆にその数が三つとなってしまい、久高島の例などからみても少なすぎることになるからである。しかし、このような点一つを取ってみても、渡名喜島の地割制度が特異な側面を有していたと考えられることは理解されよう。

5　地割制度の起源説について

地割制度の起源については、これまで大きく二つの考え方が提出され、そのどちらの説を支持するかという観点から、研究者らも二分される状況が続いてきた。古琉球起源説と近世起源説とである。たとえば、本書第1章で引いた山本弘文の記述によると、二つの説とは次のようなものである。

「…地割制の起源については、古琉球時代に始まったとする説（伊波普猷・仲吉朝助・安良城盛昭など）と、慶長期以後に始まったとする説（東恩納寛惇）・田村浩・仲松弥秀・渡口眞清など）があるが、最近の学説としては、「天保十二年久米具志川間切西銘村名寄帳」（上江洲家文書）の分析を通じて、慶長検地当時すでに一地・半地などの地割配当が行なわれていたとする説と、元文二年（一七三七）に始まる元文検地によって、整然とした碁盤型集落と短冊形地割制耕地が出現したとする仲松説をあげることができよう。」（山本（１９９９）：２１９―２２０）

そして、この二つの考え方のうちどちらが正しいのか、いまだに結論は出ていないとされてきたのである。一般に、ものごとの起源論争というものは、相対立する二つの説が示されると、どちらが正しくどちらが誤りであるかという観点からとらえられることが多い。正邪《せいじゃ》二元論とでもいえる考え方である。しかし、ほんとうにこの両説は対立する、つまり一方が正しければそれがすなわち他方の誤りを示すものなのだろうか、というのが、渡名喜島の地割制度について調べていくうちに浮かんだ、著者の年来の疑問であった。

近年の研究では、二つの説のどちらかというと、古琉球説のほうが優勢のようである。たとえば上地一郎は、法社会学の立場から、次のように言う。

「地割制は、土地の共有、定期的な割替と配分という点では沖縄のどの地域も共通するが、割替対象地、割替までの期間などその内容については地域差が著しい。…地割制が、（琉球）王府の政策によって画一的に推進された制度と考えるよりも、恐らく古琉球に遡るような土地慣行であったものが、薩摩侵入を契機とした「近世琉球への転換」以降、王府の統治機構の一つとして包摂され制度化されたと考えたほうがよいであろう」（上地（２００５）：86、カッコ内は引用者による）

とし、沖縄本島北部で昭和30年代までみられた山林の入会《いりあい》的焼畑慣行においても、共有地を人頭割によって均等に割替《わりかえ》し配分することが行なわれていたことをあげて、畑としての耕作地の開拓より古い時代に始まったと考えられる焼畑（無税地であった）でも割替制があったのだから、畑としての耕作地における地割制度が貢租の均分負担にあったとする説、すなわち近世起源説を否定する。

一方、仲松弥秀に代表されることの多い近世起源説ではあるが、たとえば渡口眞清説と仲松説とは決して同じではない。地割制度の開始を元文検地時に確定しているのは仲松だけであって、渡口は、

「農民の間で（地割制は：引用者注）ひそかにやっていたのである。それなら地割が公然と行われるのは、元文検地の時に全島一斉に始めてからではないか。『農務帳』（注：三司官《さんしかん》・蔡温《さいおん》によるもの）以前は公に禁止されていたのである」（渡口（１９７５）：１１９、カッコ内は引用者による）

つまり制度としての地割は近世以前から存在したと言っているのである。

話が少し込み入ってしまったが、要するに地割起源説の対立は、仲松の元文二（１７３７）年地割制度起源説をめぐる対立なのである。そして、たとえこの元文起源説が否定されたとしても、仲松が浩瀚なフィールドワークの結果として提示した「地割制集落」（仲松（１９７７）：１１１）の発生が、この年前後であるという考え方が否定されることには必ずしもならないのである。本書第１章の２で言及した、地割制度と地割との識別の必要性を、ここで再び思い出してほしい。制度

としての地割と、景観としての短冊状地割耕地出現とは、同じではないということである。

このように考えると、安良城がすでに述べていた次のような評価が的確だったことが明らかになろう。

「短冊形耕地形態を伴なうゴバン《(ママ)》型村落の出現は、仲松同様ほぼこの時期（注：１７３７年ごろ）とみなすものであるが、すでに指摘しておいたように、「地割制度」下の耕地形態は、短冊形耕地形態に限られず、これに歴史的に先行するものとして、非短冊形＝不整形型耕地が存在していたのであって、短冊形耕地形態発生の時期、即「地割制度」発生の時期、とは決して断定できないのである」（渡名喜村史編集委員会（１９８３ｂ）：８３４）

こうしてみると、渡名喜島で著者が地割制度について調べたことは、すでに安良城が示唆していたことがらを、地割組の編成の復元作業を通じて確認したのだということになる。

先の山本弘文の文章の締めくくりは、次のようになっている。

「確かに碁盤型集落や短冊状耕地が沖積平野部に出現するのは、耕地や集落が丘陵部から移動した18世紀初頭のことと思われるが、前述のような南島の風土と強い共同体的結合からすれば、平野部への下降前においても、集落の総有制と地割制の存在を否定することは出来ないように思われる。」（山本（１９９９）：２２０）

この部分は渡名喜島のことだけを念頭に置いた記述ではないけれど、そのままぴったり渡名喜島にも当てはまるものなのだった。

したがって、これまで詳しく述べてきた著者自身の仕事には、いったいどれほどの意味があったのか、正直なところいささか考え込まざるをえなかった。沖縄での、制度としての地割は１９０３年に廃止されたことになってはいるが、しかし渡名喜島には地割耕地の形状がそのまま20世紀末まで存在し続けた。これはいったいなぜなのか？

公平・平等を旨として、貢租負担を分かち合うという地割制度の意義―それは「地割精神」と呼んでもいいものであり、その美風が渡名喜島には残り続けてきたということなのか。あるいは地割制度の起源説に関しては、そもそも仲松の「地割制集落」という命名が問題を含んでいたのではないかという疑問。また、先に述べた、この島の字高田における微細としかいいようのない耕地の景観は、果たしてほんとうに、安良城のいうような短冊状耕地部分に「歴史的に先行する」ものなのか？　こうした問題はいまでも未解決のままであり、それを確かめるすべも、おそらく難しくなっているのが現状であろう。

ただし、沖縄文化研究所のプロジェクトとしての渡名喜島調査は、結果的に非常に意義深いものになった。それは、もっぱら地割遺構を含んだ渡名喜島の渡名喜集落の景観の特質を明らかにした建築班の業績であった。そのことは次章で詳しく述べることにする。

地割制度は、上にのべたように20世紀に入ってようやく県の土地整理事業により廃止された。それまでの土地の共有制（「模合持《もあいもち》」）は、沖縄の村の共同体としての性格、すなわち貧しいながらも平等さを尊重するというるわしき慣行を具現化するものだった。１９０３年にそれが廃止された後、耕地は個人所有に替わったわけだが、共有するというのはその責任、すなわち貢租負担を農民間で共有することでもある。耕地が私有化されて貢租負担という拘束がなくなったことは、別の側面も生み出した。つまり、土地整理によって耕地に縛り付けられてもいた農民たちは移動の自由をえて、沖縄からの移民―南アメリカやハワイへの移民―が急増したのだという石川友紀の説もある（石川（１９８９））。

地割制度についての研究は、近年ではこのように起源論から脱却しつつあるようだ。著者もその一翼を担い、地割耕地の有する意義と景観という視点でとらえようとしてきたことになる。

6　地割遺構その後

渡名喜島では、12月から2月ころが島ニンジンの収穫期である。砂地の畑なので、独特の渋みがかった黄色の島ニンジンは、細いけれどよく伸びて、長さ50センチ以上にもなる。この島ニンジンの収穫が一段落すると、そのあとの畑でモチキビの植付けが始まる。2月後半から3月くらいは、沖縄では北からのモンスーンが南からのそれに交代する時期であり、とくに雨が降ると一年中でいちばん寒い時期になる（とはいっても沖縄のことであるから、1日の最低気温が15℃を下回る日はめったにない）。しかし、この雨がモチキビの植付には必要なのである。モチキビは夏の6月から9月ころが収穫期で、それが終わった後にまた、島ニンジンを植え付けてゆく。こうして、同じ区画の畑で、二毛作が行なわれているのである。

モチキビも島ニンジンも、渡名喜島で産するものはたいへん質が良いといわれる。那覇で離島フェアがあったりすると、そこに出品されるのだが、あっという間に売り切れてしまうほど評判が良い。沖縄県内にかぎってのことではあるが、すでにブランド化されているといってもあながち言い過ぎではないようだ。

たとえばモチキビ栽培の場合、播種《はしゅ》から収穫までほとんどの作業が現在は機械でできるようになった。機械類は役場が所有し、それを貸し出してくれる。農家の負担は、肥料代と種子代、それに人件費だけですむという。その一方で、畑の地力は、下がってきている。機械化にともなって、堆肥を使用していたのを金肥《きんぴ》に変えたことが影響しているらしい。ニンジンは、10アール当たり200キログラムの収穫がいいところだという。それでも市販価格だと1キロ（5〜6本くらい）で600円くらいになる。

図10　渡名喜島の特産品モチキビ

渡名喜島では、農業振興地域への指定が1985年までなされず、土地基盤整備がまったく行なわれなかった。地割遺構の狭小な圃場が、分散して所有される状態が続いており、自家消費用の野菜栽培がほとんどで、産業としての農業という発想はもたれたことはなかった。農地だけでなく用水施設も皆無といってよく、平坦地に展開している農耕地は砂質の土壌で作物にとっては保水力が乏しい。だからしばしば干ばつによる被害が生じていた。モチキビや島ニンジンの播種も、冬と夏の降水しだいで、それが遅れると播種も遅れることになる。また、農道などの整備も遅れていて、農作物の増収をさまたげていたため、区画整理を行なうとともに、換地《かんち》によって分散している農地を集約し、機械化を進めることが急がれていたのである。

土地改良事業は、1987年から着手された字西兼久《にしがにく》（3・4ヘクタール）を除いて、1988年度の沖縄総合事務局事業によって始まった。総事業費7億7000万円の「農村基盤総合整備事業（いわゆる「ミニ総パ」）で、圃場整備、灌漑《かんがい》排水施設や農道の建設、農作業準備休憩施設の建設が行なわれた。圃場整備の計画はそれより10年ほど前から持ち上がっていて、地権者からの了解を取り付ける作業が少しずつ地道にすすめられていた。ちょうど著者が地割遺構の調査をはじめたころと時期は重なるわけで、渡名喜島への渡島があと数年でも遅かったら、あのみごとな短冊状の細長い耕地の凝集は、見られなかった可能性が高い。その意味では、ギリギリ間にあった幸運ともいえる。

写真19　耕地整理された畑地①（2011年7月撮影）
広く平坦な農地が出現し，そこに幅の広い舗装農道が通る．農業機械の利用が進むことになった．

改良された農地には、最初はモチキビと洋ニンジンの作付が予定されていた。沖縄県の農業改良普及所のアドバイスによるものだった。モチキビはもともと宮城県で栽培されていた種類のものだったという。洋ニンジンは赤色の、よく見かけられるものだが、後にそれが黄色い島ニンジンにとって代わられることになる。

写真20　耕地整理された畑地②（2012年3月撮影）
砂が客土されているところ．字大道．

土地改良事業は、島内の耕地部分の6カ所で行なわれた。地区別にみると、サウジ2・35ヘクタール、字西ノ底3・08ヘクタール、字脇原《わきばる》・字大道《おおみち》5・72ヘクタール、字粟刈《あーかる》5・18ヘクタール、字高田1・64ヘクタール、字安在良1・80ヘクタール、以上合計20・37ヘクタールとなっている。これによって、渡名喜島に残存していた地割遺構はほとんど消失してしまった。ただ、村の教育委員会の申し入れがあって、地割遺構のごく一部、字大道の北端部分で現在の老人福祉センターと歴史民俗資料館の建物の東側の部分だけが、もとの地割遺構がそのまま残

写真 21　地割遺構の説明板（2011 年 7 月撮影）

写真 22　保存される以前の地割遺構（1987 年 3 月撮影）
字大道付近.

されることになった。「歴史資料」となった、というのは皮肉な見かただろうか。この部分の畑は、かつてと同じく、そこを所有する人の自家菜園として今でも耕されている。

実際に、整理された畑をみてみると、見かけ上は必ずしもそう劇的に耕地が改変されたというわけではない。畑地のまとまりの外形は、ほぼ地割遺構のままだし、建設された農道はかつてあった細い道路を拡張したというだけで、基本的に道路の位置もほとんど変わってはいない。細かく区切られた地割の一筆は、各筆の境界が取りはらわれてのっぺりとした畑地になった。ただし、仲松弥秀先生がこだわっておられた「カーラ」は、字粟刈にあったもののごく一部をのぞいて、すべて取りはらわれてしまったようだった。そんな畑で、農水省のエコファーマー認定を受けた農業者らによって、モチキビと島ニンジンが作られている。

とはいえ、実際に畑で精を出している人に聴いてみると、耕作上の変化と言えば、それまで各所に散らばっていた畑（各所有者の）がほぼ一カ所に集約されたことが大きいという。農道も広くなり、耕しやすくなったのは確かである。その一方で、大きな区画になった畑は、以前よりも土地の傾斜がついてしまって、土壌流失も起こっているところもあるそうだ。「（土地改良には）異議申し立てをすべきだった」

写真23　保存された地割遺構の一部（2011年2月撮影）

などといった声も耳にした。「地割の組は今でもあるさ」などという発言も聴かれたが、これはいったい何を意味しているのだろう？　畑一筆ごとの細長い形態は、表面上は消え去ったものの、じっさいはまだ、島の人の頭の中にはその残像―「地割精神」が残っている、ということなのだろうか。

このような渡名喜島の農業を、データでみてみよう。表５は、渡名喜村役場によるものである。たとえば、土地改良事業が始まる前の１９８０（昭和55）年と、最新の２００５（平成17）年を比べてみる。すぐにわかるのは、農家人口と農業就業者数の激減である。総人口の推移とあわせて考えなくてはいけないが、それにしても大幅な減り方だといわざるをえまい。２００５年の収穫面積２２６アールも、大幅な減少である。土地改良された耕地面積が21～22ヘクタールだったわけだから、収穫面積はその10分の１。ざっと１割だけしか耕されていない、ということになる。それ以前、１９７５年の数値は、イモ類の栽培が突出していることからわかるように、旧地割耕地以外の明治期ころに開かれた傾斜地を数え入れているものであろう。先に挙げたモチキビは、おそらく雑穀のカテゴリーに入る。昭和の終わりに消滅した豚の飼育は、今でも島の人はそれを行なっていたことをよく覚えていて、豚を船に積んで、当時本島側の寄港地だった糸満まで出荷したのだという。

読者には、もう見当がついたことであろう。著者が考えるのはやはり、失われた地割景観、地割

表 5　経営耕地・収穫面積・畜産飼養頭羽数

項目		昭和 50 年	昭和 55 年	昭和 60 年	平成 2 年	平成 7 年	平成 12 年	平成 17 年
総人口	(人)	721	609	529	560	616	523	531
農家人口	(人)	580	404	218	193	165	120	19
対総人口比	(%)	80.4	66.3	41.2	34.5	26.8	22.9	3.6
農業就業者数	(人)	85	52	118	35	51	45	18
経営耕地面積	(ha)	21	9	21	0	0	9	0
田	(ha)	18	6	0	0	9	0	0
畑	(ha)	8	7	0	8	0	0	7
樹園地	(ha)	9	0	18	0	0	6	0
収穫面積	(a)	2,350	1,751	961	87	605	29	226
雑穀	(a)	0	0	176	0	431	18	159
いも類	(a)	1,613	993	118	0	0	1	0
豆類	(a)	0	0	2	0	0	0	0
工芸作物類	(a)	0	94	0	0	0	0	0
野菜類	(a)	737	664	665	29	114	10	67
飼料用作物	(a)	0	0	0	58	60	0	0
畜産養頭羽数								
肉用牛	(頭)	0	0	0	13	0	0	0
乳用牛	(頭)	0	0	0	0	0	0	0
豚	(頭)	363	78	6	0	0	0	0
やぎ	(頭)	46	25	14	3	12	22	16
にわとり	(羽)	0	3	0	0	0	0	0
ブロイラー	(羽)	0	0	0	0	0	0	0
ブロイラー	(羽)	0	50	10	0	0	0	0

・平成 2 年以降の数値は新しい農家の定義による.
・平成 2 年以降の作付面積・畜産飼養頭羽数の数値は，新しい農家の定義での販充農家のみ.
・農業人口：農家を構成する世帯員の総数.
沖縄県渡名喜村（2012）『温もりの海郷・渡名喜－第四次渡名喜村　総合計画』102 頁より.
資料：国勢調査，農業センサス.

図11　渡名喜島の特産品のチラシ

耕地の「遺構」としての大切さと、それと引き換えに生まれた近代的な畑地との、比較である。この取引は果たして正しかったのだろうか、という疑問である。近代的な畑地を生むための費用と、その結果として得られた効果を、天秤にかけてもみたくなる。もちろん、どちらが重いのかは軽々に判断を下せることではないのは承知しているが…。

島ではしかし、高齢化の、いや超高齢化の進んだ農業ではあるが、少しずつ若い働き手も戻ってきているのだという。縁故をたよって、島から出て行った人たちを農業部門に呼び戻すことも行なわれ、じっさいにそうした人もわずかながら増えているらしい。

また、島の特産品としてのモチキビや無農薬の島ニンジンを利用した加工品も作られ始めている（図11参照）。作っているのは、島のオバアたちが集まった生活改善グループである。これらの産品は、上り下りそれぞれ1便の船が港に着く時間を見計らって、港のターミナルでお土産用に販売されるが、これもとても好評で、すぐに売り切れてしまう。オバアたちは、この時、売り子に変身するのだが、その顔はとても楽しそうで、活気に満ちあふれている。それを見ていると、「地割遺構が生み出したとなツキー」などと皮肉をもって考えるのが正しいのかどうか、わからなくなってくる。それで、著者もたいていは、クッキーの袋を二つ三つ買って、那覇へ向かう帰りの船に乗ることになるのである。

第3章　重要伝統的建造物群保存地区への選定

集落北東部の丘にある「里宮」（1989年9月撮影）
さまざまな祭祀行事の舞台になる.

本書冒頭に引いた田山花袋の一文では、渡名喜島は「平地少きを以て著しき産物なし」と評されていた。確かに、現在ではともかく過去には、これといった特筆するような産物はなかったかもしれない。だがしかし、ほかの島にはないような素晴らしいものが、渡名喜島にはあったのだ。島の人々がそれに気づいたのは、つい最近のことである。島の人たちにとっては、それはあたり前にそこに存在し、毎日見慣れているもので、だからどれくらい素晴らしいものかにほとんど気づくことなく、日々過ごしてきたのだった。

ほかでもない、渡名喜集落の家々の総体、つまりその景観のことである。渡名喜島の渡名喜集落は、２０００年3月に、そのほぼ全体が国の重要伝統的建造物群保存地区（「重伝建」）に選定されることが決まったのである。

1　景観への注目

さて、わが国で「景観」というものへの関心が盛り上がってきたのは、大きくいうと第二次世界大戦後の高度経済成長が終りを告げた１９７０年代半ば以降から、もう少し具体的には21世紀に入ってからのことといえる。まず１９６２（昭和37）年の「全国総合開発計画（一全総）」に始まって１９９８（平成10）年の「21世紀の国土のグランドデザイン」（実質的な五全総）にいたる、戦後日本の国土総合開発計画に共通して見られた「作ること」一辺倒の方向性が、20世紀末のバブル経済の終焉によってストップしたこと、国の財政が行きづまりを見せ始め、公共投資が減額されざるをえなくなって、新たな建造物を創出することよりも、旧来の伝統的建造物に価値を認め、それを保存・修復することによる国家予算獲得の途が中央官庁によって見出され、その際に初めて「景観」というものの価値に人々の視線が集まったのである。

二つ目には、とくに大都市圏における都市化の無原則な進展が、都市部の生活環境の悪化を招き、気がついてみたら、都市での無機的な生活が失ってしまったかつての生活空間―それは都市以外のところにわずかばかりに残っていた（！）―のあり方が注目されるようになったことである。そうしたノスタルジックな気分を満足させる「景観」を、保全すべきとの機運が高まっていったのであろう。地球上の諸資源の有限性に気づき、同時に温暖化や砂漠化といった地球環境問題への意識が高まったことも忘れてはいけない。「失われた景観」へのノスタルジーは、人口構成が著しく高齢化してきたこととも関連するかもしれない。

そして三つ目に、ユネスコの「世界遺産」（とくに「世界文化遺産」）に代表されるような、歴史の記憶装置としての「景観」を、不特定多数の人々にとってのかけがえのない「遺産」として重要視する行政的・社会的・文化的な諸制度や枠組みが、グローバルな規模でも、あるいは国家レベルでも、整えられてきたことが挙げられる。

わが国で、「景観」の重要性を行政的に取り上げて、その保存・修復を法制化したという点で、もっともよく知られた事例が、「重要伝統的建造物群保存地区（以下、「重伝建」と略す）」制度の創設であろう。１９７５年の文化財保護法の一部改正により、「周囲の環境と一体をなして歴史的風致を形成している伝統的な建造物群で価値の高いもの」（文化財保護法）の保存を図ることが目指された、行政的制度である。それまでわが国では、普遍的な価値のあるものを対象とした法律は、文化財保護法しかなかった。その対象となるものは、もちろん、「景観」などという概念は、法律とは無縁のものだと考えられていた。それで、文化財保護法を、一部改正してそこに、「景観」もその対象として認定するしかなかったのであろう。のちのさまざまな経過から、「景観法」という名前の法律が制定されて、良好な景観が「資産」であると認められるのは、２００４年になってからのことである。

「重伝建」地区の選定基準としては、伝統的建造物群保存地区が、以下の各号の一つに該当するものであること、となっている。

（１）伝統的建造物群が全体として意匠的に優秀なもの
（２）伝統的建造物群及び地割がよく旧態を保持しているもの
（３）伝統的建造物群及びその周囲の環境が地域的特色を顕著に示しているもの

国の文化財審議会により選定される「重伝建」保存地区は、制度発足の翌年である１９７６年からその選定が始まり、２０１３年末までに84市町村の１０４地区が選定されている。それまでの文化財保護が、建造物の場合、一つ一つの建造物を単位としてなされてきたのを改め、建造物「群」、つまり面的・空間的な対象（すなわち「景観」）を文化財として認定するところが目新しかった。１０４地区の指定対象面積の総計は３６９７ヘクタールにおよび、建造物等の総数も２万５３００件となっている（文化庁ＨＰによる）。

表6　年度別「重伝健」選定地区数

年度	件数	年度	件数
1976	7	1995	1
1977	2	1996	3
1978	2	1997	3
1979	3	1998	5
1980	1	1999	2
1981	2	2000	3
1982	2	2001	3
1983	0	2002	1
1984	2	2003	1
1985	1	2004	4
1986	2	2005	7
1987	2	2006	6
1988	2	2007	1
1989	1	2008	3
1990	0	2009	3
1991	4	2010	2
1992	1	2011	5
1993	3	2012	9
1994	3	2013	2

表６は、「重伝建」指定地区数を、制度開始の翌年度から直近の２０１３年度まで年ごとに集計したものである。これを見ると、地区指定が始まった１９７６年度の７件は別として、それ以後１９９０年代末までは、91年を除いて毎年せいぜい３件の指定にとどまり、件数ゼロの

年もある。このころはまだ、「重伝建」制度はあまり注目されなかったのである。しかし、その数が２０００年代に入ると少しずつ増加し、とくに２００４年度からは5件以上の指定が行なわれる年が珍しくなくなっているのが見て取れる。「景観法」の制定によって、「景観」が世の注目を浴び始めたのと時期を同じくしていることがわかるだろう。

「景観」というのは、もともと植物生態学の用語だったものを、１９３０年代ころ、日本の地理学が取り入れて概念化した学術用語であるといわれている。このことばが、近年ではいろいろな学問分野がそれを用いるようになってきて、ときにいろいろな意味で用いられている。著者は地理学の研究者なので、「(文化) 景観」ということばにこだわりがあるのだが、詳しいことは本書では述べない。ただ、地理学で「景観」というときには、ある土地に代々住み続けてきた人たちが、ごくふつうの日常生活を送りながら、その土地との関わりの結果として営々と築いてきた建造物や土地利用についての地表上の痕跡のことを指す、とだけ言っておきたい。渡名喜集落の場合、まさにこうした定義がぴったりとあてはまる事例なのである。

なお、付言するならこのように「景観」をとらえる見かたは、１９９２年にユネスコの世界遺産に関する考え方において、登録対象に「文化的景観」が追加され、それが「文化的資産であって、条約第一条のいう『自然と人間の共同作品』に相当するもの」であり「人間社会または人間の居住地が、自然環境による物理的制約の中で、社会的、経済的、文化的な内外の力に継続的に影響されながら、どのような進化をたどってきたのかを例証するもの」と定義づけられたこと（藤田（２０１３）：２９５）に重なるものである。

これを受けて日本では、２００５年に文化財保護法がふたたび改正され、「景観」のもつ文化財としての価値がより評価されることになった。「文化的景観」とは、同法の定義によれば、「地域における人々の生活又は生業及び当該地域の風土により形成された景観地で我が国民の生活又は生業の理解のために欠くことのできないもの」となっている。つまり、建造物だけでなく、生活や生業の基盤となっている、たとえば耕地や宗教的聖地なども、「文化的景観」として保護・保存の対象とするお墨付きができたのである。そうした「文化景観のうち、質の高いもの、好ましいもの」を「文化的景観」ととらえるようになり、「文化的景観」のうち殊に重要なものを、文字通り「重要文化的景観」として文部科学省（文化庁）が選定するしくみもできあがった。その選定基準は、

一（1）水田・畑地などの農耕に関する景観地
（2）茅野・牧野などの採草・放牧に関する景観地
（3）用材林・防災林などの森林の利用に関する景観地
（4）養殖いかだ・海苔ひびなどの漁ろうに関する景観地
（5）ため池・水路・港などの水の利用に関する景観地

（6）鉱山・採石場・工場群などの採掘・製造に関する景観地
（7）道・広場などの流通・往来に関する景観地
（8）垣根・屋敷林などの居住に関する景観地
二　前項各号に掲げるものが複合した景観地

の各項目となっている。いずれにも共通するのは、人間の生活の中で作り上げられてきた、生産物「以外の」ものであるという点である。作りだされたモノではなく、モノを作りだす過程で生み出されてきた環境や装置を「景観」という言葉で表わし、それを価値あるものと認識しようとしているのである。こうした「重要文化的景観」に、２０１３年末時点で全国の38件が指定されている。この「文化的景観」の特徴は、都市部ではなく農山漁村が指定を受けていることで、地域的にも九州の数が多いことや、「離島」が８カ所指定されていることなど、興味深い側面を有している。

「景観法」制定の前年、２００３年7月には、国土交通省が「美しい国づくり政策大綱」を発表し、たとえば公共事業における景観アセスメントの実施を翌年から行なうなどの方針を提示している。この「大綱」では、「悪い景観」と「優れた景観」という用語で「景観」への価値評価を明示し、後者の実例に「世界遺産」、「重伝建」、そして「日本三景」を挙げているのが特筆される。

ユネスコの「世界遺産」は、条約が1972年に制定され、日本は先進諸国の中ではかなり遅く1992年にこれを批准した。2000年ころまでは、日本でもその存在が広く知られていた地域や歴史的建造物が世界遺産に登録されるだけだったが、2000年に「琉球王国のグスク及び関連遺産群」が世界文化遺産に登録されたあたりから、日本各地で世界遺産登録候補の暫定リストに名乗りを上げる自治体が急増した。周知のように、2012年末時点で日本には、世界自然遺産が4件、世界文化遺産が12件存在している。とくに文化遺産の方は、「景観」への関心とほぼ同じ文脈でとらえられ、同遺産への登録が当該地域の「景観」への公的な評価を獲得するものだとのムードが、認識として生じている。

「重伝建」の定義にもあった「歴史的風致」ということでは、すでに1966年に「古都保存法」、1980年に「明日香法」が制定されていたが、その趣旨を受け継ぐ形で2008年に「地域における歴史的風致の維持及び向上に関する法律（通称：歴史まちづくり法）」が制定・施行された。こちらも2013年末現在、全国の41市町村が歴史的風致維持向上計画を策定し、市町村単位で国の認定を受けている。

このほかにも、「景観」への関心を背景にした行政的・社会的制度はいくつかある。詳細に検討する紙幅はないので名称などだけ挙げておくと、たとえば農林水産省所管の「日本の棚田百選」や、1980年代にアメリカ合衆国で法制化されたシーニックバイウェイ（Scenic Byway）制度を模倣したかたちの「日本風景街道」（国土交通省道路局の後押しを得て全国10ブロックに協議会）が１３１ルート、さらに「世界遺産」にならったかのようなＦＡＯ（国連農業機関）が認定する「世界重要農業資産システム（通称：世界農業遺産（ＧＩＡＨＳ））」に佐渡と能登が２０１１年に認定されたこと（２０１３年現在合計５カ所が指定）、１９８２年に64の村で始まった「フランスのもっとも美しい村連合」がヨーロッパから拡大しカナダや日本にもおよんで、２００５年に北海道の美《び》瑛町《えいちょう》を中心に設立された「日本で最も美しい村連合」（49町村が加盟、ＮＰＯ法人の運営）などがある。「景観法」制定を機に、全国各地の自治体で景観条例が作られていったことも見落とすわけにはいかない。

これらを見てくると、いささか乱立の気味も否定できないけれど、そして組織体のあり方としては公的・私的さまざまであるが、これらがいずれも２０００年代に入ってから制度化されたり活動を始めたりしていること、また都市的・歴史的な建造物から農山漁村的生活空間へと、「景観」概念の拡張や移行が見られること、といった特徴を指摘することができる。

２　「重伝建」指定へのあゆみ

さて、渡名喜島に戻ろう。渡名喜島は、沖縄県内では竹富島に次いで二番目に、「重伝建地区」

に指定された（２０００年）。写真24は、渡名喜港ターミナルビルの目の前に建てられている案内板で、島に上陸するとすぐに目につくものである。

この渡名喜島の渡名喜集落が「重伝建」に選定されることになるきっかけは、１９９５年５月に文化庁の文化財保護部建造物課長が島を訪れて渡名喜集落を視察し、翌月に村議会に対して「重伝建」という制度について説明したことだったといわれている。村議会でもさっそく、村教育委員会と合同で、すでに１９８７年に沖縄県内では最初に「重伝建」選定を受けていた八重山諸島の竹富島に視察団を送るなどし、「重伝建」選定に向けて取り組む方向が定まった。そして１９９７年には、「渡名喜島集落景観保存基礎調査」委託が開始された（このほかの経過については表７を参照）。

写真 24　「重伝建」の案内板（2011 年 2 月撮影）
渡名喜港ターミナルビル向かいにある，「重伝建」選定地区であることを示す案内板．船を下りるとすぐに目につく．

実際には、渡名喜集落のみごとな「景観」に惹かれて島を訪れた人たちは、それ以前から結構多

指定までの経緯

平成 11 (1999)	6 ～ 9	○渡名喜村歴史的景観保存条例及び施行規則、保存審議会運営要綱等の勉強会 6/18（対象:推進委員,議員,村職員等／於:村多目的活動施設） 7/9（対象:推進委員,議員,村職員等／於:村多目的活動施設） 7/11（対象：村外推進委員等／於：南風原町中央公民館） 8/10（対象:推進委員,議員,村職員等／於:村多目的活動施設） 8/31（対象：村内権利者等／於：村多目的活動施設） 9/12（対象：村外権利者等／於：南風原町中央公民館）
	9	○定例議会にて渡名喜村歴史的景観保存条例制定，文化庁長官へ報告
	10	○渡名喜むら並み家屋調査実施 ○渡名喜村歴史的景観保存条例施行規則制定 ○渡名喜村伝統的建造物群保存他区等保存審議会運営要綱制定，保存審議会設置
	11 ～ 12	○保存審議会にて保存地区，保全物件，保存整備方針を集中審議（歴史的景観地区＝伝統的建造物群保存地区＋歴史的景観保全地区） ○文化庁の指導助言のもと保存地区の決定
平成 12 (2000)	1	○渡名喜村伝統的建造物群保存地区保存対策費補助金交付要綱制定 ○渡名喜村歴史的景観保存計画の策定及び告示，文化庁への報告 ○渡名喜村重要伝統的建造物群保存地区の選定申出を行う
	2	○文化庁文化財保護審議会に選定の諮問 ○文化庁担当官，文化財保護審議会伝建部会委員の来島・調査
	4	○重要伝統的建造物群保存地区選定の答申，5 月官報告示
	10	○重要伝統的建造物群保存地区保存整備事業スタート（①アガリヌシマムトゥヤー（村並みセンター）修復整備事業と②案内板設置事業を行う）
平成 13 ～ 14	9	○台風 16 号襲来，集落内の伝統的建造物の多くが甚大な被害を受ける ○災害復旧事業で平成 13 年度 7 棟，平成 14 年度 33 棟緊急修復
平成 15 ～ 17		○島田懇事業により，木造空き家 14 棟復元（うち 6 棟は付属舎）
平成 19	3	○（株）福木島となき設立（島田懇事業で整備された施設等を管理・運営する民間組織）

出典：渡名喜村教育委員会（2010）：21.

表 7　渡名喜集落の「重伝達」

年	月	取り組みの内容
平成 7 (1995)	5	○文化庁文化財保護部建造物課長一行来村し集落視察
	6	○村議会議員に「伝統的建造物群保存活用」の説明会行う
	9	○村議員，村教育委員合同による竹富島伝統的建造物群保存地区視察
平成 9 (1997)	2	○伝建地区第 1 回地域説明会（県文化課）
		○文化庁文部技官，県文化課担当来村し集落視察並びに第 2 回住民懇談会
	3	○第 2 回地域説明会（村教育委員会）
	5	○村内全世帯及び本島在住出身者へのアンケート調査
	6	○渡名喜島集落景観保存基礎調査を委託
	8	○村文化財審議委員会，竹富島視察
		○第 1 回沖縄本島在住者への説明会
	10	○フィンランド・ヘルシンキ工科大学の研究者来島し民家調査
	11	○第 3 回地域説明会
		○第 2 回沖縄本島在往者への説明会
平成 10 (1998)	3	○京都大学名誉教授，琉球大学助教授来村，集落視察
		○渡名喜島集落景観保存基礎調査策定
	4	○渡名嘉島むら並み保存推進調査を委託
	10	○渡名喜集落を伝統的建造物群保存地区として保存活用する制度導入に向けての支援願いを村長に提出（村教育委員会）
	11	○むら並み保存に関するアンケート調査（関係者に対して）
		○渡名喜村渡名喜伝統的建造物群保存地区保存対策調査スタート
平成 11 (1999)	1 ～ 2	○渡名喜村伝統的建造物群保存活用推進協議会発足（村内部会及び村外部会）
	3	○推進協議会にて保存地区，保全物件，保存整備方針について集中審議
		○文化庁建造物課伝建部門主任文化財調査来村し集落視察及び懇談会
	4	○渡名喜村渡名喜伝統的建造物群保存対策調査策定
	5	○渡名喜村渡名喜伝統的建造物群保存対策調査策定報告会（村多目的活動施設）

かった。知る人ぞ知る、というところだったのである。たとえば、本書冒頭で引いた河村只雄は、すでに次のように述べていた。

「渡名喜の屋敷は道路面より少なくとも二、三尺以上低い。台風につねに悩まされる苦い経験が屋敷を低くして住宅を建てるに至らしめたものであろう。屋敷は低くても幸いに砂地であるから、水がたまり湿気をもつ様なことはない。併し、其の為に殊に夏分は暑いので夜、戸を閉めると寝苦しい。それで自ら戸を開けっ放しにして寝るのである。併し、渡名喜には盗人がいないので、戸をしめなくても安心して寝られるという。島では渡名喜の名称は「戸無き」から来たものであるなどといって勝手な理屈をつけている。島では物をとられたといった、いまわしい事実のないことをほこりとしている。そうした純朴な島の姿はいつまでもかくあらしめたいものである。」(河村只雄(1974):122)

そしてこのような評価に客観的・学術的な評価を与えたのが、1986年度からの法政大学沖文研の総合調査に加わった建築学者の武者英二と永瀬克己両氏による渡名喜集落の民家の悉皆《しっかい》調査であった。1991年に刊行された同調査の報告書に「渡名喜島の空間構成について—集落と民家を中心として—」というタイトルで掲載された調査結果は、精緻を極めたものであった。渡名喜集落が「重伝建」指定を目指すことになったときの、いうならば学術的基盤は、この報告書の存在にあったことは疑うべくもない事実である。それは、重伝建地区選定申請の際の基礎となった『渡名喜村渡名喜島歴史的景観保存計画書及び関連資料』（２０００年３月、渡名喜村教育委員会）と題された計画

写真 25　屋敷から道路への階段（1987 年 3 月撮影）
道路面と家の敷地との段差を，コンクリート造りの階段で埋めている．

写真 26　道路面より沈んだ民家（1989 年 9 月撮影）
道路面から掘り下げられた敷地に建てられた民家を，道路から見ると，民家が沈み込んだようになっている．フクギの防風林が美しい．

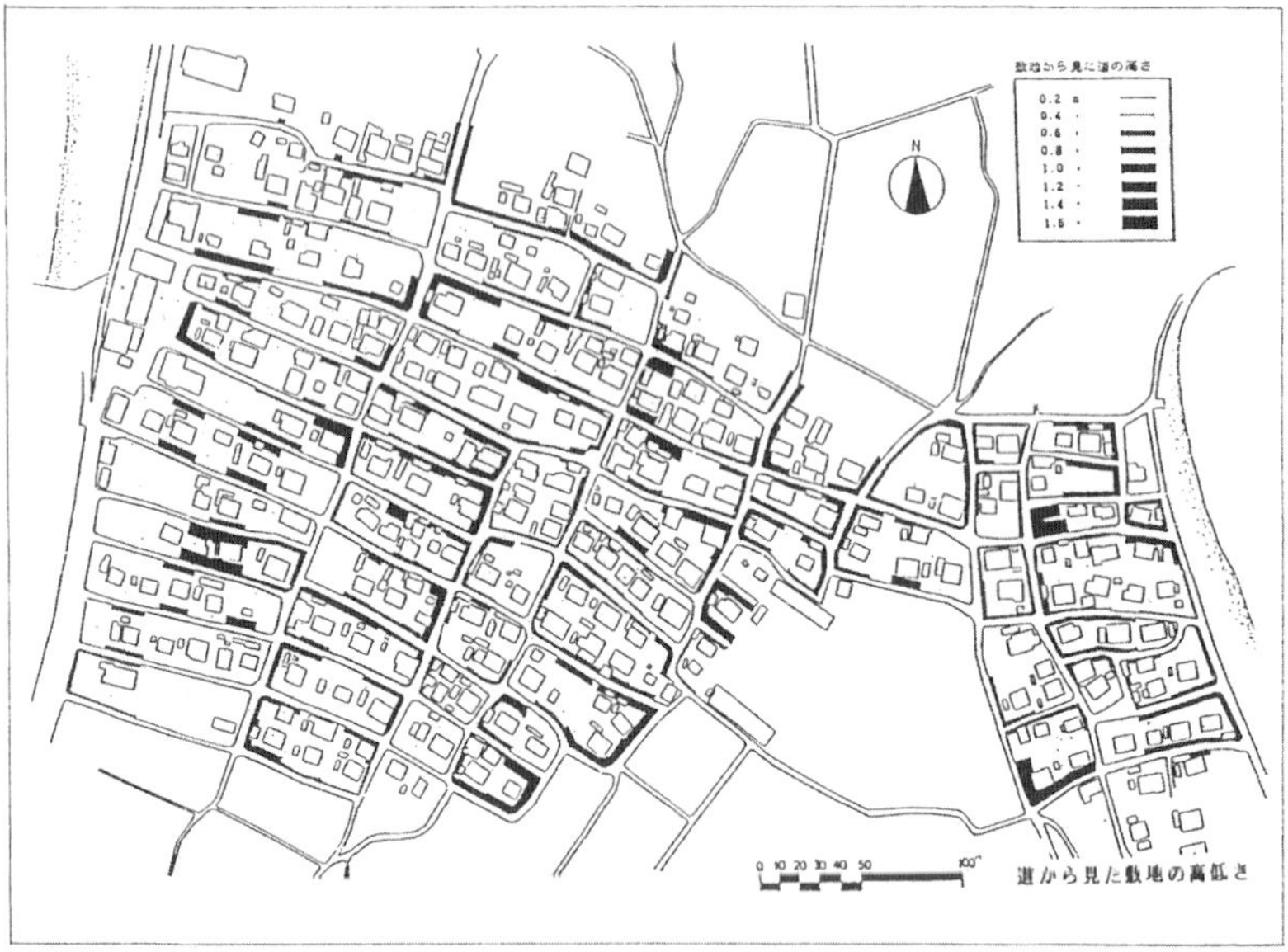

図 12　渡名喜集落の道から見た敷地までの深さ
武者・永瀬（1991）: 68.

書の巻末部に、上記した武者・永瀬両氏の共著になる報告書部分から数多くの図表が引用・転載されていることからもはっきりとわかる。この計画書では、以下に述べるような渡名喜島の歴史的・伝統的保存修景対象を、赤瓦屋根群の立ち並ぶ大正中期から戦前昭和までの集落景観と定義づけている。

渡名喜集落を「重伝建」に選定する申請は、１９９８年６月に「渡名喜島集落景観保存基礎調査事業」が始まり、基礎的な調査活動を重ねたうえで２０００年１月に行なわれた。その際の申請理由として挙げられたのは、次のようなことであった。

「亜熱帯の恵まれた自然風土の恩恵を受けながらも、時には厳しい自然と対峙しつつ、私たちの先人が長い年月をかけて築き上げてきた、他に類をみない島の伝統的な集落景観を、今後のむらづくりの礎にしてより良い住環境の形成を展望する中で、既存の集落景観を保存整備することにより、地域の歴史文化が正しく理解され、祖先が成し遂げた偉業を誇りとして将来に引き継ぎ、来訪者との交流を生み出し、もって島の活力を取り戻していくことを目指して、伝統的建造物群保存地区制度を導入する。」（渡名喜村教育委員会（２０１０）：22）

こうした方針が同２０００年４月、先に示した選定基準の（３）、すなわち「伝統的建造物群及びその周囲の環境が地域的特色を顕著に示しているもの」に該当すると審議会で判断されて、渡名喜島の農村集落部分21・４ヘクタールが「重伝建」地区として認められ、５月に官報告示されて正式に重伝建地区選定がなされたわけである。

島の伝統的建造物群の主たる特徴は、形態的に一カ所に固まった集落の各民家の多くが、サンゴ礁起源の石灰岩の石垣に囲まれ、赤瓦の屋根をもつ伝統的な二棟造り形式（起居する主屋と火を使って調理などをする台所とが、互いに独立した別々の棟であるもの。図13参照）になっていること、そして強風への対処策として屋敷の立地面が掘り下げられ（道路面と屋敷の位置との段差は１メートルを超すことも少なくない）、屋敷の周囲には防風と防潮の機能をもったフクギの防風林が、美

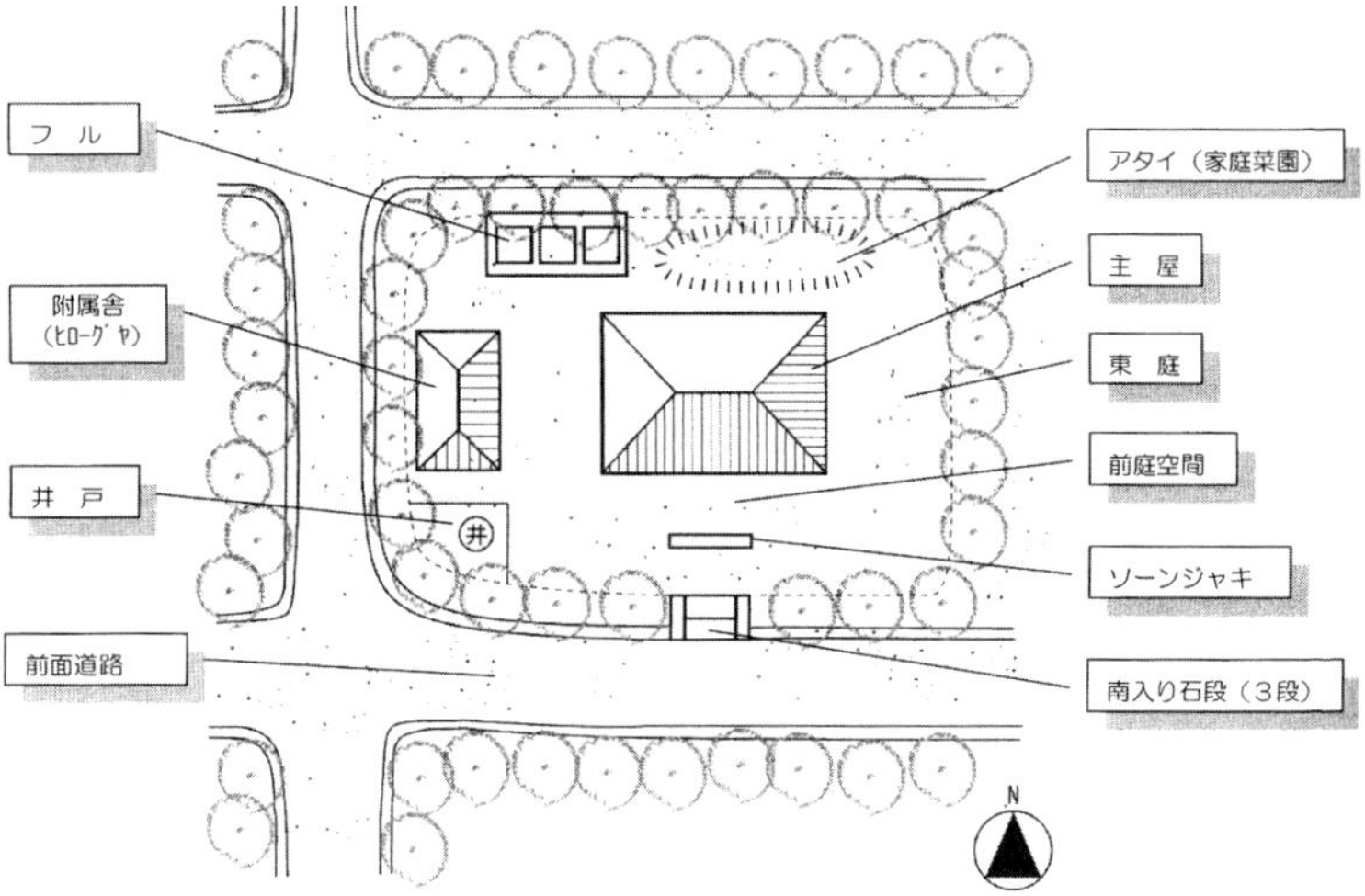

図 13 渡名喜集落の民家の基本構成
渡名喜村教育委員会（2010）: 36 頁.

しく仕立てられていること、の二つである。
集落の中に入り碁盤目状の道路を歩くと、屋根にシーサーを乗せた赤瓦の家々が立ち並んでいるのがわかる。フクギの屋敷林は、高さ7～8メートルを超すところも多くあり、ところどころで枝葉が道路上に張り出してフクギのトンネルを作りだしてもいる。また、高台から集落を見おろすと、常緑の屋敷林の樹冠が集落部分を覆い隠しているかのように見え、集落全体が緑に包みこまれている。

先にふれたように、渡名喜島の「重伝建」指定は、沖縄県内では八重山の竹富島に次いで2番目のことであった。この二つの島々は、面積的に小さな島であること、そこに一つだけの集落が存在していること、人口規模も５００人以下であること、といった共通点をもつ。また、「重伝建」選定の理由も、選定基準の（三）、すなわち「伝統的建造物群及びその周囲の環境が地域的特色を顕著に示しているもの」に該当する「島の農村集落」であることで共通して

写真 27　ヒデーク（平サンゴ）の石積み（2011 年 2 月撮影）
一枚一枚，平サンゴの石を積み上げげた，手の込んだ造形美．これは某家のソーンジャキ（ヒンプン）である．

写真 28　一輪車を押す女性　（2011 年 2 月撮影）
相方（アイカタ）積みの石垣（屋敷囲い）の道．石垣に用いられているのは，もちろんサンゴ礁起源の石灰岩である．

いる。さらに、どちらもサンゴ礁の石垣に囲まれた赤瓦の家々を保存・修復すべき対象建造物と位置づけていることも同じである。

竹富島の集落景観については、それが早い時期に重伝建地区に選定されたことや、その選定にい

写真 29　雨上がりの集落内道路（2011 年 2 月撮影）
水はけの良い砂地の上に開けた集落ではあるが，激しいスコールの後など，道路面に水が浮くこともある．通常はすぐに地面にしみ込んでしまうのだが・・・．

写真 30　渡名喜村役場新庁舎（2011 年 2 月撮影）
1990 年落成の役場新庁舎．村議会議場と村教育委員会が 2 階に入っている．

竹富島憲章

私達は、祖先から受け継いだ伝統文化と美しい自然環境を誇り『かしくさやうつぐみどぅまさる』の心で島を生かし、活力あるものとして後世へ引き継いでいくためにこの憲章を定めます。

保全優先の基本理念

一、『売らない』島の土地や家などを島外者に売ったり無秩序に貸したりしない。

二、『汚さない』海や浜辺、集落等島全体を汚さない。

三、『乱さない』集落内、道路、海岸等の美観、島の風紀を乱さない。

四、『壊さない』由緒ある家や集落景観、美しい自然を壊さない

五、『生かす』伝統的祭事、行事を精神的支柱として民俗芸能、地場産業を生かす。

私たちは、古琉球の様式を踏襲した集落景観の維持保全につとめます。

私たちは　静けさ、秩序ある落ち着き、善良な風俗を守ります。

私たちは、島の歴史、文化を理解し教養を高め、資質向上をはかります。

私たちは、伝統的な祭を重んじ、地場産業を生かし、島の心を伝えます。

私たちは、島の特性を生かし、島民自身の手で発展向上をはかります。

図 14　竹富島憲章
竹富島教育委員会（1987）: 97.

たるまでの過程において、島民や島出身者らの懸命な活動があったこと、そして消滅の危機にひんした小さな島の共同体が再生するために、「景観」をそのシンボルとして活用した稀有な例であることなどにより、これまで学術的にも多方面から論じられてきている。

　１９７２年の沖縄の本土復帰にあたり、それを見越した観光リゾート開発資本によって、竹富島の土地の二割以上が買い占められるという状況に陥った。そのままでは、島の人々にとってのアイデンティティの源泉である村落共同体の存続が危うくなってしまう。そう考えた島の人たちは、「竹富島を生かす会」を結成（１９７２年）し、「売

らない・汚さない・乱さない・壊さない・生かす」という五カ条で有名な竹富島憲章を定め（１９８６年）、それに基づいて売られた島の土地を少しずつ買い戻すとともに、憲章の精神を共有するためのシンボルとして、「赤瓦をいただいた民家群」という景観を前面に押し出し、個別の民家から学校や郵便局、変電所といった公共的な建物にいたるすべての建造物を、赤瓦屋根に葺き替える復原作業を地道に進めていった。そうした努力の結果が、１９８７年の「重伝建」地区指定へとつながったのであった。赤瓦屋根の建造物は、島に住む人にとっても島をあとにした人にとってももともに、伝統を受け継ぐ心を一つにさせる象徴だったのである。

とはいえ、しばしば指摘されてきたように、その象徴である赤瓦を屋根にいただいた建造物群という景観は、竹富島の場合、実は「幻の景観」なのだった。幻という意味は、歴史上現実に存在したことがない、ということである。もちろん、赤色の瓦を葺いた家が竹富島に歴史上存在したことはない、ということではない。赤瓦は高価で重い。竹富島では原料の陶土も産しないので、瓦自体が島で生産されたことはなく、島外から持ち込まなくてはならない。またそれを葺くと屋根も重くなるから、重い屋根を支えるための柱材なども島外から運び入れる必要がある。それらには、当然ながら多額の費用がかかる。というわけで、赤瓦を葺いた屋根の家、というのはその家に住む人の富裕さを示すものなのだった。だから、赤瓦の民家は、竹富島は20世紀になって初めて出現したとされ、そののちも島の中に存在したとしても数えるほどの軒数でしかなく、実際の民家のほとんどは、草葺きの屋根の家だったのである。このような意味で、すべての建造物が赤瓦屋根をいただくという景観は、「幻」だったわけである。

ではなぜ、竹富島の人々は赤瓦の家々で集落を満たそうと考えたのだろうか。それは、赤瓦の家が、かつて竹富島の人々が等しく希求した富裕で安定した生活の象徴であるとともに、それが八重山の、八重山らしさのシンボルであり、島の人々の「うつぐみ（協同）」精神を具体的に顕現化するものと考えられたからである。つまり、赤瓦をいただいた家々で埋め尽くされた集落というのは、竹富島の人々がイメージとして思い描いていた「幻の故郷の景観」だったわけである。

こうして、竹富島では、住民の共同体意識の源泉として、また崩壊にひんした地域社会の再生のための切り札として、「景観」が活用されたのだった。「景観」のシンボル性が、住民の意識や行動を焦点化するものであることが、明らかになったわけである。そして、そのような意味において、竹富島の事例は単にこの島だけの問題にとどまらず、過疎化や人口減少の継続などによって地域社会の脆弱化がもたらされていた数多くの地方自治体や地域行政単位にとっても、危機的状況打開のための格好の処方策を示すものだった。だから、広く世間の耳目を集めてきたのである。

渡名喜島の場合は、竹富島とはだいぶ事情が違い、すでに大正時代には相当数の赤瓦葺き貫木屋《ぬちじゃー》民家が存在したことがわかっている。したがって、「赤瓦屋根群の立ち並ぶ大正中期から戦前昭和までの集落景観」は、竹富島のような幻の景観ではなく、それを復原することは、ことばの真の意味での「復原」なのである。「景観」の「真正性」あるいは「本物性」という見地からは、竹富島の重伝建地区よりも優っているといってよい。たとえば、しばしばこれら沖縄の「重伝建」地区について、いずれはユネスコの世界文化遺産に登録されることが期待されるといったコメントが関係者の間で語られることがあるが、世界文化遺産登録においては、対象物件の「真正性」という要件が重要なポイントになっている。その意味で、世界文化遺産により近いのは、世の中に名を知られた竹富島ではなく、渡名喜島の方なのである。

3 「重伝建」指定地区における集落景観保全活動の現状

渡名喜村の、「重伝建」地区を中心とした景観保存整備の枠組みを、『渡名喜島集落景観形成ガイドライン』によって見ておこう。

まず、渡名喜島全体が、歴史的景観形成地区とされた。この中には、陸地部分のみならず、島周辺に展開するサンゴ礁の、リーフ(礁縁)から内側(イノーと呼ばれる礁池)もすべて含む(783・6ヘクタール)。この歴史的景観保存地区が、伝統的建造物群保存地区(21・4ヘクタール)と歴史的景観保全地区(762・2ヘクタール)とに分かれる(図15参照)。前者は、東、西、南の三字

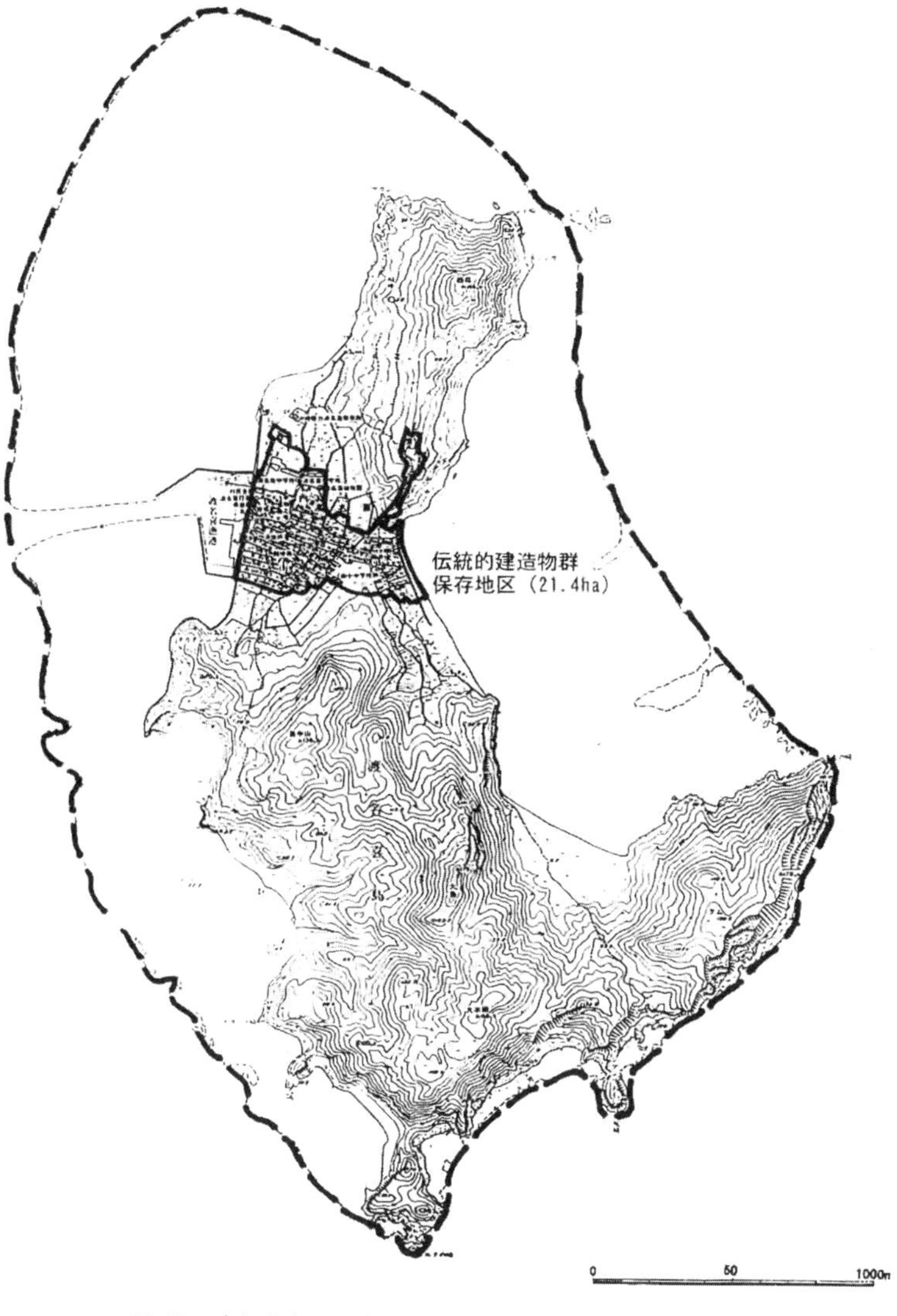

図 15　渡名喜島の歴史的景観保全地区と「重伝建」地区
渡名喜村教育委員会（2000）：資料 -（1）-2.

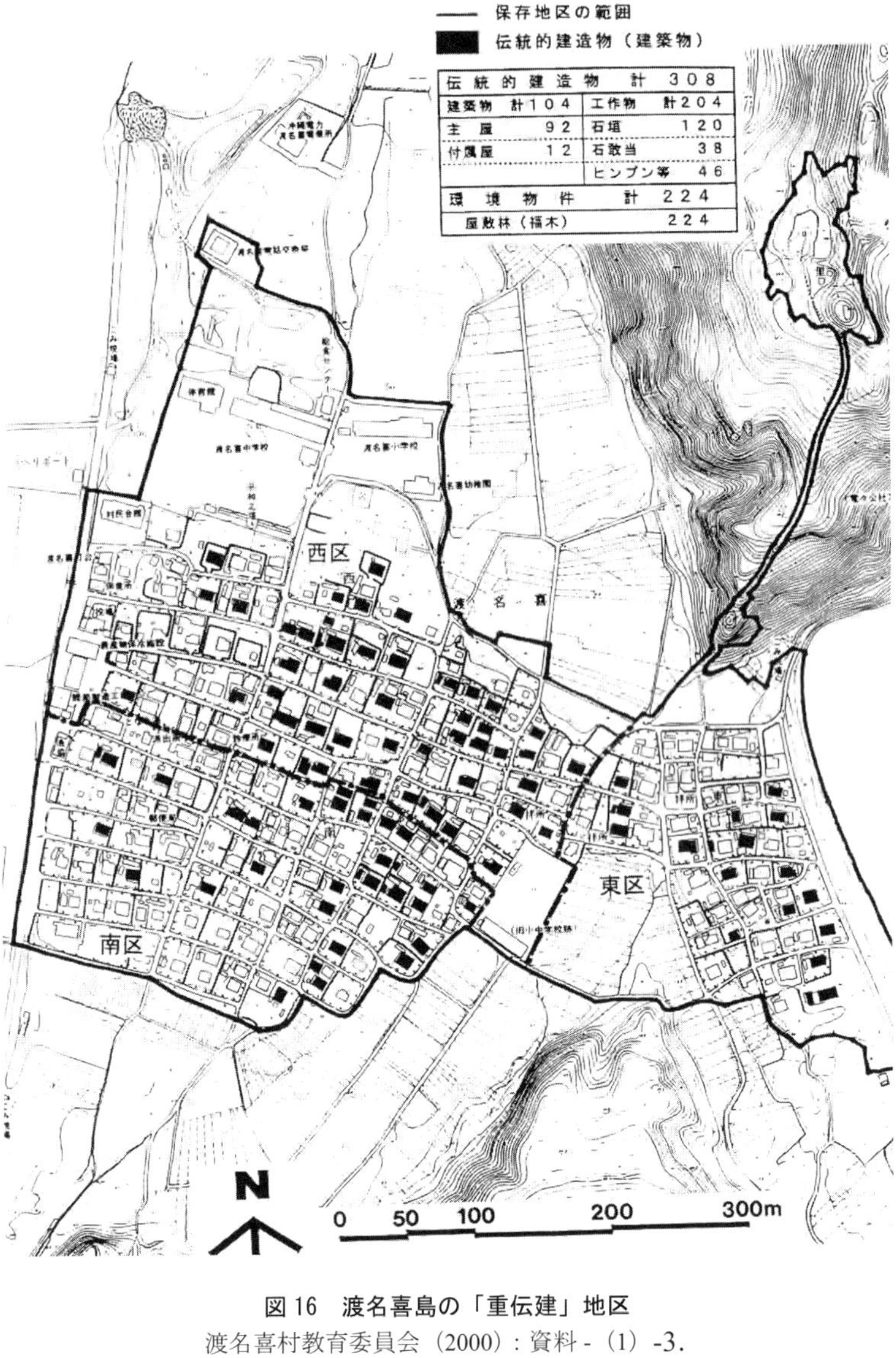

図 16　渡名喜島の「重伝建」地区
渡名喜村教育委員会（2000）：資料 -（1）-3.

表 8　歴史的景観保全地区における伝統的建造物一覧

番号	名称	種別	備考
1	ソージ嶽	工作物	クビリマキヨの祖霊神嶽、海石や火成岩によって周りを囲んだ跡が確認されている
2	ソージガーとクビリマキヨ跡	工作物	クビリ集団の拝泉とマキヨ跡
3	クシレーイビ	工作物	クビリマキヨの拝所，縦横約 1.5 m，盛土あり，墓と想定されている
4	フタライシュガキ	工作物	クビリマチューの漁垣
5	ウーチュガーと三穂田	工作物	里中ムタの拝泉と傍らの神田
6	シムガー	工作物	里の中腹に位置する拝泉
7	メーガキ	工作物	サトゥナカムタの漁垣
8	中森嶽とアラマキヨ跡	工作物	ウェーグニドウンの祖霊神嶽とマキヨ跡，岩蔭穴に人骨が確認されている
9	イフガキ	工作物	アラマチューの漁垣
10	ヌーチュヌーガー嶽とユアギマキヨ跡	工作物	ニシバラドゥンの祖霊神嶽とマキヨ跡
11	ユブクイシュガキ	工作物	ユアギマチューの漁垣
12	アマンジャキ	工作物	断崖下方に石を積み上げてて造った通路
13	カーラ（排水路跡）	工作物	水を誘導して下流の砂地に放流する排水路跡
14	段畑跡	工作物	集落周りの山頂に至るまで仕明けされた畑（山野原）
15	ウーンダ（大本田）の蜂火台	工作物	久米島から座間味島へ烽火を取り次いだ烽火台
16	タカタンシのヒータティヤー	工作物	イカ漁の安否を確認しあったヒータティヤー跡
17	シメー嶽	工作物	ニライカナイの神招請の場，石積み，円形型の拝所が確認されている
18	ナキジンガー	工作物	島の北に位置し名称由来の伝説が残る
19	スンジャグスク	工作物	アーカル原の南に屹立する山丘の中腹に立地する
20	アマグスク	工作物	スンジャグスクとともに海賊の襲撃に対する逃げ城であったとの伝承を有する

■歴史的景観保全地区における環境物件一覧

番号	名称	種別	備考
1	エーンシヂ	環境物件	ヌーチュヌーガー嶽下方，海の中の小岩の聖地
2	タチガミ	環境物件	ニライ神の依代とされる浜辺の 2 つ岩
3	ターチー石とマーイイビ	環境物件	来訪神を見送る神送りの舞台

表9 「重伝健」地区内民家の保存修復状況

	2000	2001	2002	2003	2004	2005	2006	2007	2008
主　屋	1	6	30	5	6	1	1	1	1
附属舎	—	1	3	3	—	1	—	—	2
石　垣	1	—	—	—	—	—	—	1	—

渡名喜村教育委員会（2010）：26頁より作成.

からなる集落部分を核とし、これに西森にある「里宮」（本章の扉写真参照）周辺と字東の「アガリハマ」などが含まれる。注目されるのは、この伝統的建造物群保存地区に、字東と字西にはさまれたところにある地割遺構が存在することである。先に述べたように、地割遺構は１９８０年代後半に行なわれた土地改良事業によって、その大半が失われてしまったのだが、この一画だけが意図的に保存されたのであった。考え方としては、具体的な建造物群地区だけでなく、集落の成り立ちや集落に住む人々の生活に密接にかかわる空間を、伝統的建造物群保存地区に含めていることがうかがわれる。

一方、伝統的建造物群保存地区をとりまく空間は、農業が行なわれる畑地部分と集落以外の自然保全地域、それにサンゴ礁の内側の部分すべてがあてられている。それなくしては、伝統的建造物群の保存・管理が不可能だと思われる空間である。

これらの選定物件の保存・修復活動は、２０００年度から始まった。最初の年は、主屋１棟と附属舎１棟であったが、表９のように、年々保存修復は着実に進んできている。

4 「島田懇」と渡名喜島の文化景観保存事業

１９９５年９月、沖縄本島でアメリカ軍の海兵隊員らによる少女暴行事件が起きた。アメリカ兵によるこの種の事件は、第二次世界大戦後に沖縄への駐留が開始されて以来、いくどとなく発生したものだったが、そのたびに日米地位協定の壁に阻まれ、犯人への処罰が沖縄県民の意に沿うものとはならなかった。沖縄のアメリカ軍基地の存在自体への反感や疑問はそのたびに増していったが、この事件をきっかけにしてそうした機運が従来にはなかったほど盛り上がり、ほとんど頂点に達した。事件の約一カ月後に宜野湾市で行なわれたアメリカ軍への抗議総決起集会には、主催者側発表で８万５０００人以上が参加し、沖縄にあるアメリカ軍基地の縮小・整理と不平等な日米地位協定の見直しを求める人々の声は、それまでになく強いものとして表現されたのであった。

これに危機感を持った日本政府は、翌１９９６年に、沖縄のアメリカ軍基地の存在による負担の軽減策を協議する場として「ＳＡＣＯ（Special Actions Committee on Okinawa）」と呼ばれる日米合同委員会を設置し、具体的な「負担軽減策」（実質的には暴行事件の「代償措置の検討」）を議論する場として、「沖縄米軍基地所在市町村に関する懇談会」（略称「沖縄懇談会」、座長の名をとって通称「島田懇」）が設けられた。とはいっても基地の全面撤去が懇談会の議題に上るはずもなく、例

写真 31　ソーンジャキ①（1987 年 12 月撮影）
沖縄の伝統的民家には普通見られるヒンプンを，この島ではソーンジャキと呼ぶ．石積みやブロック積みが多いが，このような植栽のソーンジャキもある．

写真 32　ソーンジャキ②（1987 年 12 月撮影）
ヤシの樹のソーンジャキ．

によっての予算措置による慰撫策が主として検討されたのである。このとき、渡名喜村についても同懇談会での議論の対象になった。それは、同村に属する入砂島《いりすなじま》がアメリカ軍の射爆撃場になっていたためである。こうして、渡名喜島にとっては降ってわいたような「島田懇」事業の一つとして、「渡名喜島伝統集落を活かしたむら興し整備事業」が採択された。

　入砂島は、前にも述べたように、渡名喜島の西にある小さな無人島である。しかしこの島にも、かつて人が居住していた時期がある。考古学的発掘調査の成果らしきものは、『渡名喜村史』にも記されてはいるが、確かなことは、大正期から昭和初期にかけてのいわゆる「ソテツ地獄」の時期に、沖縄県全体で行なわれたという「経済更生運動」の一環として、１９３３（昭和８）年12

写真33　修復工事中の民家（2011年2月撮影）
足場を組んで屋根の葺き替えがおこなわれている．雄と雌の赤瓦をのせ漆喰で固めてゆく．

写真34　修復された民家①（2011年2月撮影）

月から入砂島の開墾事業が実施されたことである。この事業により入砂島に新しく2町4反の新規農地が開かれた。入砂島はもともと村有地であったため、開墾された農地は村の特別基本財産に繰り入れられ、それを村民有志に賃借して年間105円の小作料を得たという(『渡名喜村史』による)。こうした状況は、第二次世界大戦中まで続いた。

この島が、第二次世界大戦後の1946年2月、アメリカ空軍の軍事演習基地(正式名称は「出砂島射爆撃場《しゃばくげき》」)として接収され、それ以来、住民の立ち入りが禁止されて今日に至っている。この間、1970年代には、伊江島《いえじま》射爆撃場の返還交渉にともなって出砂島射爆撃場がその代替地候補にあがり、渡名喜村では大掛かりな反対運動が起こった。結果として、代替地化は阻まれて今日に至っている。射爆撃場建設当初は毎週、日曜日以外は射爆撃演習が行なわれていたようだが、さいわい近年では演習も年に数回程度に減少している。

さて、「島田懇」の行なうであろう提言を予測して、渡名喜村では、島の将来像を構想する「チーム未来渡名喜」という組織を設置し、三つの事業を提案していた。このうち、「ムラヤー・プログラム」と呼ばれたものが採用されたわけだが、これは主に、集落内の空き屋敷の整備を目的としたものであった。検討された事業には、このほかにたとえば「空港建設」とか「屋内温水プール整備」とかいういわゆる「ハコモノ」候補もあった。しかし、空港ができても航空路が開設される見通しはなく、温水プールうんぬんもいかにも付け焼刃的な発想である。だから、提案された三つの事業案のうちでは、もっとも現実的な選択が行なわれたことになる。同事業は２００１年度より、「伝統集落しまおこし事業」として推進されてゆく。「重伝建」指定はその前年、２０００年に決定したのだから、ちょうどタイミングよく「重伝建」地区整備が開始されたのだった。

写真 35　修復された民家②（2011 年 2 月撮影）

ところが、この渡名喜島が、翌２００１年９月、猛烈な台風16号に襲われた。不規則な進路をとりながら発達した台風16号は、９月11日夕方から久米島沖に達したまま停滞し、延べ３日間も同島を暴風域に巻き込んだ。渡名喜島でも台風16号の被害は甚大で、幸い渡名喜村内では死者は出なかったものの、渡名喜小中学校の体育館の屋根がすべて吹き飛んだほか、民家の全壊27戸、半壊22戸、一部損壊48戸、床上浸水62戸、床下浸水26戸という重大な被害状況をもたらした。13日には、災害救助法の適用が決定されたほどであった。

強風の被害を避けるために道路から掘り下げられた

写真 36　修復された民家③（2011 年 2 月撮影）
雨端柱が家の周りにめぐらされている.

屋敷地が、渡名喜集落の大きな特徴だったわけであるが、そこに台風による豪雨が襲い、多くの家々が浸水したのである。もともと砂州の上に立地した集落であり、砂地だから水はけはよかったはずなのに、排水能力をはるかに超える規模の雨が降ったのだった。屋敷地が掘り下げられていたため、水が引くのに予想以上の時間がかかり、被害が大きくなった。伝統的な工夫が、裏目に出てしまったことになる。「重伝建」指定を受けた被災建物の修復は、その後文化庁からの補助もあって少しずつ進んでいったが、この台風での被害を契機に、掘り下げた屋敷地を埋めて地盤をかさ上げした民家も多くあった。

　さて、「島田懇」事業が渡名喜島にもたらしたものは何か。「島田懇」事業は、村レベルでは前述のように「伝統集落しまおこし事業」として１９９７年度から２００７年度までの11年間にわたり行なわれ、渡名喜島ではこの間に、合わせて3億８５００万円が投じられた。「交付金（10割交付）」

と「補助金（９割交付）」とがあるが、渡名喜村の場合は大部分が後者であった。これらの使途を簡単に整理してみよう。

写真37　修復された民家④（2011年2月撮影）

写真38　修復された民家⑤（2012年10月撮影）
写真37の民家を，建物側から見たもの．

写真 39　修復された民家⑥（2012 年 10 月撮影）
二棟造の形跡を残している．右側の，石で囲まれたところに木が生えているのは，この家のソーンジャキ（ヒンプン）．

写真 40　修復された民家⑦（2012 年 10 月撮影）
建物だけでなく，屋敷全体が修復の対象になる．この家は，道路から掘り下げられてできた段差を埋めるように，サンゴ礁起源の石を用いてスロープが造られている．

①２００３年から２００５年までの３年間に、台風で被災した民家屋の修復が行なわれた。内訳は主屋８棟、附属舎６棟、石垣８件であった。これは、２０００年から２００８年までに行なわれた文化庁の補助金による民家屋の修復（主屋52棟、附属舎10棟、石垣２件）

写真41　ライトアップされた道路（2011年2月撮影）

とは別途のものである。修復された民家のうち、居住者のいないところは、村の第三セクターとして設立された「(株)福木島となき」によって民宿棟として利用されており、それが2013年現在、管理センター等を含めて7棟となっている。

②渡名喜集落内の主要道路に、2000年から2005年にかけて、フットライトが設置された(写真41)。それまで渡名喜島には街灯などというものは存在せず、夜は民家の窓から漏れるかすかな灯りだけだったが、フットライトの設置により村の住民は夜も安心して道を歩けると好評であるという。長さ765メートルの道路沿いに、数メートル間隔で152個のライトが取り付けられている。2011年にはこのフットライトの道が、第1回パブリックデザイン賞に選ばれた（2011年11月7日付沖縄タイムス紙による)。

しかし、これは果たして集落の景観のありようにマッチしたものであろうか。観光客には好評だというが、その一方で、少なくとも晴れた夜の空に輝く星の美しさは、たとえ頭上の街灯ではなく足元の灯りだとしても、影響を受けたと思われる。しかし、村では、フットライト道路のさらなる延長を計画している。

写真 42　色とりどりのバッテリーカー（2011 年 2 月撮影）

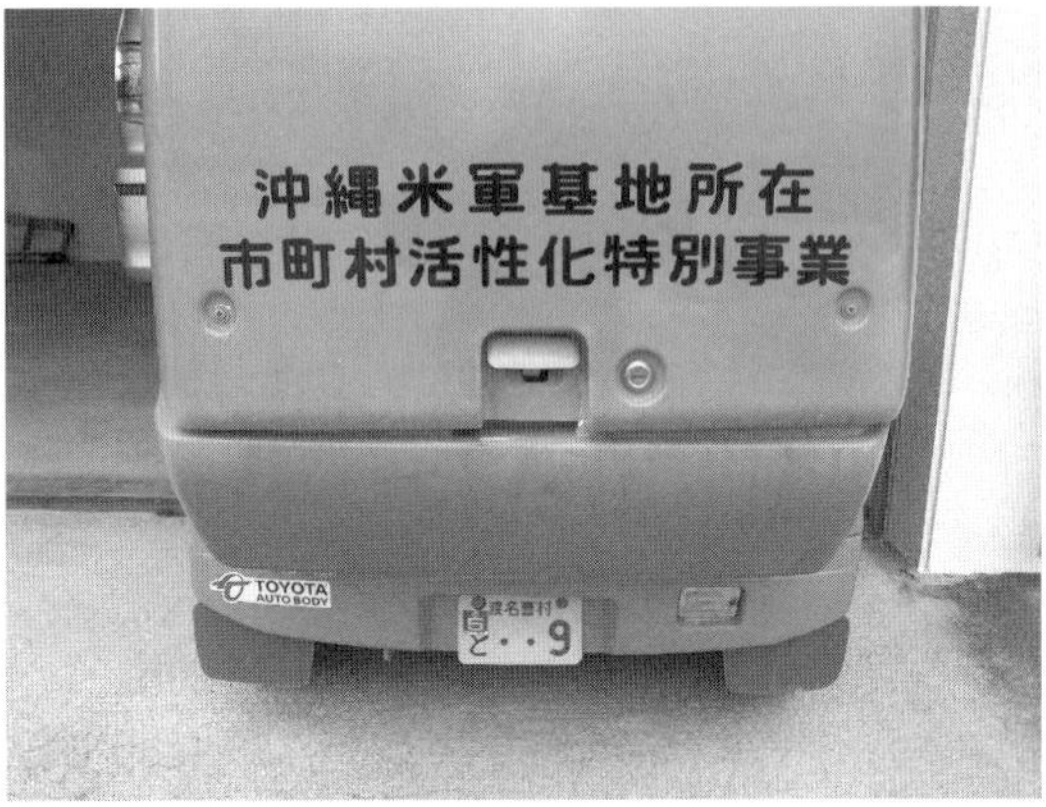

写真 43　バッテリーカーの背面（2011 年 2 月撮影）
かわいらしいクルマにはあまり似つかわしくない文字が書き付けられている.

③観光客用に、小さなバッテリーカー（エコカー）が合わせて10台導入された（写真42）。「重伝建」指定後に完成した島内一周道路などを、観光客がこれで走るためである。「（株）福木島となき」が運用を管理しており、１時間当たり８００円という料金で観光客に貸し出されている（直営の民宿の利用者には１日１５００円）が、高値感は否めずあまり利用度が高いとは思われない現状である。集落内は道幅が狭く、かつては一輪車が荷物運搬に活躍していた（写真28）。近年になって軽自動車なども増えてきたが、道路の幅はほとんど変わってはいない。だから、そうした事情のもとでは好都合な乗り物であるとは思うが、あまり利用されているところは見たことがない。各バッテリーカーの背面には、これが「島田懇」事

写真44　駐車スペースに置かれたバッテリーカー（2011年2月撮影）
ところどころにある空き屋敷跡が集落内の駐車スペースとして利用されている.

業によるものだと書かれている（写真43）。

表10に示したのは、「島田懇」事業とは別口の「特定防衛施設周辺整備事業交付金」による事業の1998年〜2010年の実績一覧である。基地関連の村の収入には、この他に「防衛施設周辺民政安定施設整備事業補助金」という長い名前のものもある。こちらは、渡名喜村にはたとえば2004（平成16）年度から2009（平成20）年度までの5年間に、あわせて5350万円が交付されていて、主に漁民研修施設や無線放送施設（入砂島は無人なので、もちろん渡名喜島の住民のため）の建設に使われている。

表 10　渡名喜村交付金実績

年度	交付額（千円）	主な使途	種別
1998（平成 10）	77,864	消波ブロック設置・灌漑施設工事	交・産
1999（平成 11）	102,653	消波ブロック設置	交
2000（平成 12）	100,844	学校給食調理場設置	教
2001（平成 13）	74,870	学校給食調理場設置・簡易水道取水工事	教・環
2002（平成 14）	88,213	簡易水道取水工事	ス・教・産
2003（平成 15）	66,466	多目的広場整備・農業用機械導入	教・産
2004（平成 16）	—	—	
2005（平成 17）	92,674	学校運動場整備・農業用機械導入	教・産
2006（平成 18）	34,329	浮漁礁設置	産
2007（平成 19）	74,784	いろいろ	産・環
2008（平成 20）	47,888	水産物集出荷施設建設	産・環
2009（平成 21）	59,477	農地排水施設整備	環
2010（平成 22）	22,450	農地排水施設整備	環

渡名喜村役場資料により作成.

繰り返すが、これら補助金が交付される根拠は、渡名喜村に「出砂島射爆撃場」が存在するからである。米軍の射爆撃場があるとはいえ、実際にはそこでの演習は、現在は年に数回程度しかない。アメリカの軍人軍属が島に常駐しているわけでもない。もちろん、渡名喜島のすぐ近くにあって周囲にはサンゴ礁をもつ島であるから、入砂島の周辺には渡名喜の漁民が日常的に船を出して漁をしている。演習が近づくと、島周辺への立ち入りが禁じられるので漁ができなくなるため、渡名喜島の島民に影響がないわけではない。だが見方を変えれば、影響はその程度のものであり、沖縄本島にある普天間《ふてんま》飛行場や金武《きん》町の実弾演習などのように住民の生死に関連する危険に日々さらされている、というわけではない。

あえていえば、にもかかわらず上記のような補助金・交付金が島にもたらされているのである（重ねていうが、たとえ年に数回という規模であっても、そこに「基地」があって実際に軍事演習が行なわれているということの、島民にとっての心理的負担などどうでもいいといっているのではない）。民家の修復だけでなく、村民にとって必要な各種インフラも、このような基地関連収入によって、相当部分が支えられてきた、というのが、この小さな島においても実情なのである。矛盾と表現してよいかどうかわからないけれど、いささかならず割り切れなさを感じざるをえない。

5　景観保存・修復事業をめぐる外的状況

現在の渡名喜村は、毎年の一般予算規模が約12億円の村である（たとえば２００９（平成21）年度は歳入12億８６００万円、歳出12億１５００万円）が、近年その歳入の１割程度をいわゆる基地関連収入が占めている。繰り返すが、入砂島がアメリカ軍の射爆撃場になっているからである。もともと沖縄県「最小」村であるから、財政力指数も低く、近年は０・１を少し割り込んでいるほどである。

そうした村での、景観保存事業である。基地関係の補助金・交付金がなかったら、景観保存の試みはどの程度実現できただろうか、そしてこれからもできるだろうか。島での現実をみると、そういったことを考えざるをえない。

景観保存事業への、基地関連収入の寄与率は、予算総額へのそれと同レベルの、１割程度に過ぎない。しかしそうだとしても、首をかしげないわけにはいかない。バッテリーカーの背面に記された文字が、その思いを強くさせる。平和な島の、平和な集落の中の狭い道路を、観光客が乗ったこのバッテリーカーが走り回るのである。

一方、基地関連収入が途絶えることになったら、どうだろうか。渡名喜村でも、諾々として入砂島が射爆撃場となっていることを受け入れているわけではない。村の第4次総合計画でも、入砂島に関して、

「・将来的に健全な跡地利用が行なえるよう、米軍の訓練の在り方等について県及び関係機関に対して必要な要請を行なっていきます。

・返還時の円滑な跡地利用に向けて「跡地利用計画」の策定を検討します。」

とうたってはいる。しかし、それらが現実的に進められている気配はまったくみられない。小さな島が独自に働きかけを行なおうとしても、現下の政治状況ではそれがほとんど無意味であることを、過去の経験からもよく知っているからであろう。

結局、何のための「重伝建」指定だったのか。現在のあり方を肯定し、基地関連収入を受け入れているのだから、この小さな島はアメリカ軍基地（射爆撃場）を是認しているのだ、と理解してよいのであろうか。「文化遺産」としての「（文化）景観」の維持・保存とは、住民の生活の積み重ねの中から生み出された「景観」を、当該地の人々は自らのアイデンティティのよりどころととらえ、それ以外の人々はその景観を自分たちにとっても得難い価値をもつ共有「遺産」であると認識する

写真45　土地改良後の畑地　（2010年9月撮影）
7頁の写真1とほぼ同じところである．地割遺構のおもかげをとどめているところを確認してほしい．

ものではなかったのだろうか。

先に述べたように、「島田懇」事業自体が、アメリカ軍の兵士による少女暴行事件という不幸な憎むべき出来事をその出発点としていたのである。そして同事業は、まるでほとぼりの冷めるころを見計らったかのように、２００７年度で打ち切られたのだった。

渡名喜集落の「重伝建」選定と、その後の経過には、このようにほかの「重伝建」地区にはみられない（同じ沖縄県内の竹富島でも存在しないような）事情が横たわっているのである。つまり、これらからうかがい知れるのは、「景観」概念だけでなく、「景観保存」事業自体もまた、当該地域を大きく包み込む社会的状況に翻弄され、さまざまな矛盾を抱えながら実施されているのが、この小さな島でのまぎれもない現実だということである。

もう一つ、著者にはやはり、前章で触れたように、地割遺構をなぜそのまま残せなかったのかという思いが捨てきれない。

「重伝建」地区の選定基準の（２）に、「伝統的建造物群及び地割がよく旧態を保持しているもの」という項目があったことを、想起したい。ここでいう「地割」が、単に耕地の形状だけを指すものであるかどうかは、見解が分かれるところかもしれない。しかし、それにしても、である。たしかに渡名喜島の地割遺構の持つ価値については、島の住民もよくそれを心得ていて、だからこそすべての地割耕地を破壊することなく、一部をまさに「遺構」として残すようにという教育委員会の提言を受け入れたのである。また、これは島の耕地形態それ自身に由来することであろうが、土地改良後の耕地形態全体をみても、地割遺構がかつてそこにあったことをかなり彷彿とさせるような状態になっているのも確かである。とはいえ、土地改良事業の着手時期があと十年遅かったら、この島の景観は、今よりはるかに価値の高い状態で残すことができたのではないかという考えを捨てきれるものではない。運命のいたずらというしかないことかもしれないけれど……。

第4章　変わりゆく渡名喜島

クルマ社会（2011年2月撮影）
道幅は昔のままなのに，クルマの数は明らかに増えた．対向車が来たら…と心配になるが，そういうことはめったにない．

2012年の秋、渡名喜村のことがメディアで大々的に取り上げられるという「事件」が起きた。尖閣諸島の領有権をめぐって、日本と中国との関係が一時剣呑さを増し、諸島防衛のために日本の自衛隊とアメリカ軍との合同で、離島奪回軍事演習が行なわれるというニュースが流れたのである。演習地として名指しされたのが、渡名喜島の西にある入砂島の、「出砂島射爆撃場」だった。幸いにして軍事演習は中止されたが、はたしてその時、入砂島、あるいは渡名喜島という地名を聞いて、そこがどこであるかを想起できた人がどれくらいいただろうか。

2009年7月には、女優・長澤まさみ主演の「群青―愛が沈んだ海の色」という題名の映画が公開された。渡名喜島を舞台に、確か2カ月間ほどのロケが行われた映画である。だが、映画自体はあまり評判が良くなかったとみえて、「舞台となった渡名喜島の景観は素晴らしい」といった映画評はインターネット上で見られたものの、観客動員という点では、残念ながら成功作とはいえなかったようだ。

また、これも2012年の秋のことだが、NHK総合テレビで放送された「つるかめ助産院―南の島から―」という連続ドラマがあった。小川　糸による原作は、渡名喜島を舞台としたものだったが、本書第1章でも触れたような、渡島手段の不安定さを理由に、ドラマ撮影の舞台は渡名喜島ではなく八重山諸島の竹富島になっていた。それればかりか、この連続ドラマのウェブサイト（2013年末でも閲覧可能）にあるスタッフブログには、「…慶良間《けらま》諸島の渡名喜島が…」という誤ったくだりがあって、いまでも訂正されていない。
そんなこんなで、渡名喜という島は、依然知る人ぞ知る島なのである。

写真46　となき湯（1987年2月撮影）
かつて役場近くにあった共同浴場．屋根にのっているのは太陽熱温水装置だろうか．

とはいえ、著者が初めて渡名喜という島を訪れてから、およそ30年という月日が流れた。30年といえば、どんな地域でも、大きく変わりゆくのに十分な時間である。渡名喜島も、もちろん例外ではない。この間に、何もかもが変わったといっても、そう大げさではないほどの変わりようである。

役場が新しく建て替わった。役場脇の石碑には、定礎1990年とあるから、もうだいぶ前のことだけれど。そして、新しいとはいっても、この島ならではの、質素でコンパクトなつくりではあるのだけれど。役場の周囲には、コンクリート造りの建物が増えた。台風で大きな被害に遭った小中学校も、真新しくなった。集落の東側の海岸には、津波への備

写真 47　役場前の駐車場（2011 年 2 月撮影）
多くは公用車（！）だが，クルマの数がとても増えてきた．

えだろうか、高さ2メートル以上の防波堤ができ、集落に入る道筋のところには鍵のかかる扉がつけられている。

何度も滞在した民宿も、集落内の別の場所に建て替わり、経営者は代替わりした。島に上陸すると、この島もすっかりクルマ社会になってしまったのを感じる（本章の扉写真参照）。かつては主要な運搬手段は一輪車で、のどかなものだったが、いまでは島内の細い道を軽自動車が闊歩している。ちょっと大きいサイズのクルマだと、道を曲がりきれないくらいなのに。だが一輪車はいまも健在で、まったく消えてしまったわけではない。

クルマ社会化を反映してか、島内一周道路もできた。かつては、ハブが数多く生息していると言われ、島の人でさえふだんはあまり近づかなかった南部の山がちな地域にも、舗装された道が通ったのである。見晴らしの良い高所には展望台も作られ、晴れた日には粟国島《あぐにじま》や久米島はもちろんのこと、慶良間の島々がとても近くに良く見える。

じっさい、距離的には渡名喜島と慶良間諸島の間は、地図で見ると意外に近いことがわかる。慶良間諸島は、最近はダイビングスポットとして知られるようになり、またその近海はホエールウォッチングの好適地として有名で、かなり多くの観光客を集めているところである。その遊泳するクジラは、姿が見えると慶良間から渡名喜島に連絡があり、この島からもしばしば見えるという。一周道路を利用して、マラソン大会なども開かれているらしい。

写真48　展望台から見える慶良間の島々(2010年9月撮影)
左側が渡嘉敷島．晴れた日にはこのような景色が見える．運が良ければ潮を噴き上げるクジラも・・・．

これらを売り物にして、観光客誘致を、などとほかの島であればすぐに考えそうなものだが、渡名喜島では落ち着いたもので、それほど躍起になってはいない。そうした姿は、著者はとても好ましく思える。

たしかに、この島が本格的に観光地化を目指すには、まだいくつもネックがある。たとえば、なんといっても交通の便。夏の一時期をのぞいて、那覇との間は日に一往復の船便だけである。２０１３年7月に、久米島航路に新しいフェリーが就航（フェリー琉球、１１８８トン、旅客定員３５０人）して、那覇から渡名喜島までの所要時間が30分ほど短縮されたが、交通体系が基本的に変わったわけではない。また、宿泊施設にしても、前章で述べた実質は第三セクターの、「重伝建」民家を活用した「福木島となき」の宿泊棟が6戸、新しくできたが、それ以前からある純粋の民宿を含めても、収容人員がようやく１００人を越したかという規模である。村が観光開発の音頭をとるといっても、民業を圧迫しない程度に、という配慮がなされている。

そういえば、１９８０年代の島の民宿は、一泊三食付きが当たり前で、訪問者が昼食をとるには、必ず宿に一度戻らなくてはならなかった。そのあたりのソバ屋や食堂で、などというわけにはいかなかったのである。しかし、いまは港のターミナルに定員5〜6人の食堂が出来たし、村内にぶらっといって食事ができる店もある。この店が、夜になると居酒屋に変わったりする。例のライトアップされた道路や、小さなバッテリーカーが島内を走り回る姿は、なんとなくメルヘンみたいではあるが、しかしいうならばそれだけである。観光開発などということばは、とてもあてはまりそうにない。

沖縄の本土復帰（１９７２年）直後から海洋博覧会（１９７５年）のころ湧き立った観光ブーム

や、１９９０年代初めのいわゆる「リゾート法」施行時の観光ブームを振り返ってみるなら、結局は観光開発への過剰投資と、それがもたらした数多くの廃墟化したかつての観光施設が、いまでも沖縄県内各地に「負の景観」をさらけ出していることが明らかである。その一方で、貴重なサンゴ礁や干潟が各所で破壊され、ほかならぬウチナーンチュ自身の手でも、大切な観光資源がかなり粗末に扱われてきた。

そうしたことを目の当たりにしてきた著者には、渡名喜島の「メルヘンチックな」観光事業は、身のほどをよく知った非常に賢いやり方に思えるのである。一攫千金をもくろむのではなく、地に足のついた、ランニングコストを最小限にとどめる、持続可能な観光開発の見本といってもよい。そうしたありようは、渡名喜村が基本としている「景観」を軸としたむらづくり、島おこし政策のたまものであるといってよいだろう。小さいロットではあるが、評判の高い農作物を着実に生産しているこの島の農業には、２００９年に生産組合が立ち上げられ、小型の農業機械を共用して耕すという「地割精神」が息づいている。村議会は定数７名という小規模であるが、議員のうち６名がウミンチュ（海人）である。多くは一本釣りの漁師で、釣り上げたタマン（フエフキダイ）やシルイカ（白イカ）、ミーバイ（ハタ）などは、朝、氷詰めにされてフェリーで那覇に運ばれる。これらは結構いい現金収入になるという。

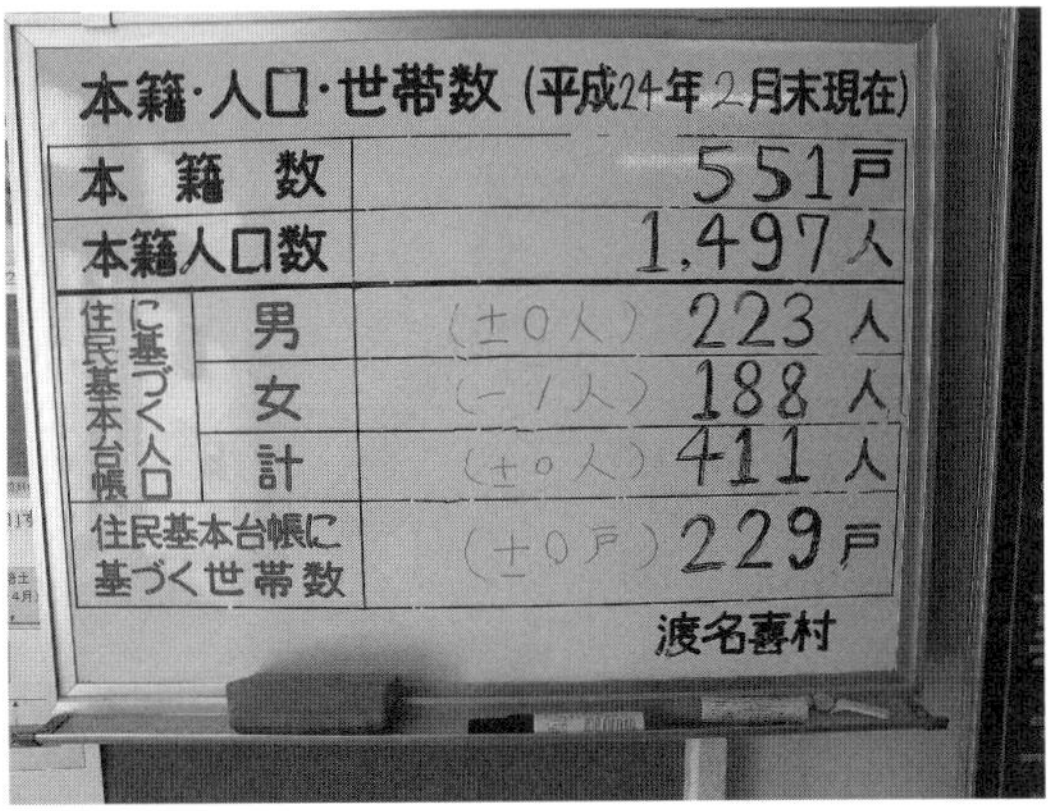

写真 49　役場入り口のホワイトボード（2012 年 3 月撮影）

渡名喜村役場を訪れると、役場の入口を入ってすぐの応接スペースの壁面に、当月時点の人口数と世帯数が書かれたホワイトボードがある。たとえば２０１２年３月の中旬には、住民基本台帳に基づく人口が、男女別に、男２２３人、女１８８人、合計４１１人とあった。また世帯数も２２９世帯と記してある。これだけなら、渡名喜村役場に限らず、どこの役場でもよく見かけるものであろう。しかし、渡名喜村役場の場合は、それに加えて、本籍数５５１戸、本籍人口１４９７人という数字が加えられていたのである。それはまるで、渡名喜島はこのように、現住人口の三倍以上の人々によって支えられ、そうやってここに存在しているのだと、高らかに誇らしげに宣言しているように思えたのであった。役場は、現住人口の三倍以上の人々のことをいつも考えて、その人々の幸福をいかに実現させるかを、日々考えている。そうした姿勢をはっきりと示しているのがそこには見て取れた。

このような考え方は、おそらく島の人たちすべてに共有されているものといってよいであろう。

いや、本籍を現在この島に持つ人たちだけではない。沖縄の社会における祖先崇拝の念の篤さは、たとえばヤマトの人たちのそれに比べて格段に深いとは、いつも語られることである。そうであるなら、過去何代にもわたって島に生まれ島で育ち、一生をおくった今は亡き祖先も、島の人々の意識の中につねに存在し続けていることになる。

著者はかつて、地域の発展を「常住人口」という指標でのみ論ずる傾向を、経済的合理性万能主義を体現するシンボル的思考法だと批判し、次のように述べたことがある。

「地域の発展が、人口の増加と同義とされ、一方では「人口一人当たり」という概念を効率測定の唯一の尺度とする―このような認識は、…克服されなければならない。これらに代わるべき考え方として、これまで数次の全国総合開発計画策定に深く関わってきた下河辺《しもこうべ》淳は、「常住人口ではなくて本籍人口で政策を議論したらどうか」というユニークな提案をしている。」(中俣（２０００）：75)

下河辺のこうした考え方が、彼の関わった数次にわたる国土総合開発計画の中にどれだけ埋め込まれてきたかについては、今日的視点からすると疑問を抱かざるを得ないところが多い。しかし、いまそれは別にして、まさにこの下河辺の主張は、渡名喜村において実行されて実現しているのである。小さな島ではあるが、その島を支える人々は、決して島の中だけでなく、沖縄本島にもヤマトにも、いやおそらく世界中に存在している。

沖縄の、小さな島は、こうして現在、過去、未来の数多くの人々に支えられて、いまも日々息づいているのだ。

［参考文献］

・安良城盛昭（１９８０）：『新・沖縄史論』 沖縄タイムス社
・安良城盛昭（１９８３）：「渡名喜島の「地割制度」」 渡名喜村史編集委員会編（１９８３ｂ）：８０９―８６８
・石川友紀（１９８９）：「沖縄県国頭郡旧羽地村における地割制の廃止と出移民―字仲尾次を事例として―」 史料編集室紀要（沖縄県立図書館史料編集室）14：1―34
・上地一郎（２００５）：「共同体と土地の利用―沖縄の地割制度への法社会学的アプローチ―」 沖縄法政研究８：８５―１１７
・小川 徹（１９８５）：「久高島民俗社会の基盤―「地割組」の組成分析」 法政大学沖縄文化研究所久高島調査委員会編（１９８５）：1―21
・沖縄県教育庁文化課編（１９７７）：『津堅島地割調査報告書』 沖縄県教育委員会
・沖縄県渡名喜村（２００３）：『渡名喜村伝統集落しまおこし事業報告書』 渡名喜村
・沖縄県渡名喜村（２０１２）：『温《ぬく》もりの海郷《さと》・渡名喜―第四次渡名喜村総合計画』 渡名喜村
・沖縄大百科事典刊行事務局編（１９８３）：『沖縄大百科事典 全３巻＋別巻』 沖縄タイムス社
・河村只雄（１９７４）：『続 南方文化の探求』 沖縄文教出版社

・小泉武栄・赤坂憲雄編（２０１３）：『自然景観の成り立ちを探る』 玉川大学出版部
・人文地理学会編（２０１３）：『人文地理学事典』 丸善出版
・高良倉吉・豊見山和行・真栄平房昭編（１９９６）：『新しい琉球史像―安良城盛昭先生追悼論集』 榕樹社
・竹富町教育委員会（１９８７）：『竹富町竹富島 歴史的景観形成地区保存計画書』 竹富町教育委員会
・田里修・森謙二編（２０１３）：『沖縄近代法の形成と展開』 榕樹書林
・田里 修（２０１３）：「地割についての諸問題」 田里修・森謙二編（２０１３）：１５３―２００
・田村 浩（１９７７）：『琉球共産制村落の研究』 至言社（田村 浩（１９２７）『琉球共産制村落之研究』 岡書院の復刻版）
・田山花袋（１９０１）：『日本名勝地誌 第11編』 博文館
・戸井昌造（１９８９）：『沖縄絵本』 晶文社
・渡口眞清（１９７５）：『近世の琉球』 法政大学出版局
・渡名喜村史編集委員会編（１９８３ａ）：『渡名喜村史 上巻』 渡名喜村

・渡名喜村史編集委員会編（1983b）：『渡名喜村史　下巻』渡名喜村
・渡名喜島調査委員会編（1991）：『沖縄渡名喜島における言語・文化の総合的研究』法政大学沖縄文化研究所
・渡名喜村教育委員会（2000）：『渡名喜村渡名喜島歴史的景観保存計画書及び関連資料』渡名喜村教育委員会
・渡名喜村教育委員会（2010）：『渡名喜島集落景観形成ガイドライン』渡名喜村教育委員会
・鳥越皓之・家中茂・藤村美穂（2009）：『景観形成と地域コミュニティ―地域資本を増やす景観政策―』農文協
・中俣　均（2000）：「離島という社会生活空間とその変貌」法政大学沖縄文化研究所・沖縄八重山調査委員会編：67―78
・仲松弥秀（1977）：『古層の村　沖縄民俗文化論』沖縄タイムス社
・仲松弥秀（1983）：「渡名喜村落の形成」渡名喜村史編集委員会編（1983b）：691―709
・仲吉朝助（1928）：「琉球の地割制度㈠㈡㈢」史學雑誌39―5（19―44）・6（52―76）・8（53―86）
・西原文雄（1979）：「仲吉朝助について」沖縄史料編集所紀要（4）：156―199

・二宮書店『地理学辞典　改訂版』二宮書店
・藤田裕嗣（２０１３）：「文化景観・文化的景観」人文地理学会編（２０１３）：２９４―２９５
・法政大学沖縄文化研究所久高島調査委員会編（１９８５）：『沖縄久高島調査報告書』法政大学沖縄文化研究所
・法政大学沖縄文化研究所・沖縄八重山調査委員会編（２０００）：『沖縄八重山の研究』相模書房
・牧田　勲（２０１３）：「沖縄県土地整理事業の推進体制―土地整理事務局の人的構成―」田里修・森謙二編（２０１３）：２０１―２３６
・武者英二・永瀬克己（１９９１）：「渡名喜島の空間構成について―集落と民家を中心にして―」渡名喜島調査委員会編（１９９１）：５７―１９６
・家中　茂（２００９）：「コミュニティと景観」鳥越皓之・家中茂・藤村美穂（２００９）：７１―１１９
・山本弘文（１９９９）：『南島経済史の研究』法政大学出版局
・H. Kan, N. Hori, T. Kawana, T. Kaigara, and K. Ichikawa (1997): *The Evolution of a Holocene Fringing Reef and Island: Reefal Environmental Sequence and Sea Level Change in Tonaki Island, The Central Ryukyus.* Atoll Research Bulletin, No.443. National Museum of Natural History, Smithonian Institution, Washington D. C., U.S.A.

あとがき

本書は、これまでおよそ30年間にわたって沖縄の一つの離島、渡名喜島を訪ね続けてきた一学徒の、その離島へのいわば恩返しのつもりでまとめた記録である。渡名喜島では、本当にたくさんのことを勉強させてもらった。本書執筆の動機としては、あらためて振り返ってみると、以下の三つのことが挙げられる。まず一つ目に、本書の中核部分をなす、地割制度について著者が調べ考えたことを、できるだけ一般の人々にもわかりやすく噛み砕いて説明することである。二つ目に、なにもない、家に戸すら無いと語り評されてきた渡名喜島であるが、視点を変えてみるならば決してそうではないこと、つまり「伝統的景観」という誇るべき文化遺産を有する島であることを強調したかった。そして三つ目に、この平和な島も、今日的な意味で「沖縄の島」であること、あるいはこの島を通じて、沖縄の島々が現在置かれている状況の一端を垣間見ることができることを示すことであった。と、ここまではいわば動機の公式見解で、私的な心づもりとしては、本書の中にも書いたように、のんびりとした渡名喜島の、そののんびりとしたようすを、できるだけそのままに描き出したかったというのが隠れた本音である。これらのことに、意を尽くせたかどうか自信はないが、これは読者の御高評を俟つしかない。本書を読んで、渡名喜島に出かけてみようと思ってくださる方がいればとてもうれしいし、この小さな書物が、そうした方々に言葉の本来の意味で、小さな島のガイドブックとして利用されることを著者は望んでいる。

本書が成るについては、実際、数えきれないほどの方々に学恩を蒙った。すでに故人となられた小川　徹、仲松弥秀、山本弘文、武者英二、比嘉　実、永瀬克巳といった沖縄研究の大先達たち、本書を沖文研叢書として刊行することに尽力いただいた法政大学沖縄文化研究所の屋嘉宗彦所長はじめスタッフのみなさん、とくに遅れる原稿の督促を含めた事務的処理を一手に引き受けられた森本季里子さんと、古今書院の鈴木憲子さん、そしてなによりも渡島のたびに著者をあたたかく迎えてくださり協力を惜しまれなかった現村長の上原　昇さんや渡名喜島村役場の職員のみなさんをはじめとする島の方々に、心から御礼申し上げたい。また、貴重な図の転載を許された菅　浩伸さんにも感謝している。

最後にもう一人、格別の謝意を表しておきたい方がいる。２０１３年の３月末で渡名喜村役場を定年退職された上原武美さんである。思えば著者が初めて渡名喜島に渡り、なにから仕事に手を着けたらよいか思案に暮れていた時に、こんなものがありますよ、と小さなドロップの缶を渡してくれたのが彼だった。当時、村役場のたぶん最年少の職員で、著者と同年生まれであることは少し後になってから知った。ドロップの缶に入っていたのは、これも後日わかったことだったのだが、本書にもその一部を収めた明治36年８月時点の地割公図のマイクロフィルムであった。それがきっかけとなって、地割公図と「一筆限調書」との対照作業をはじめることができたのを、今でも鮮明に覚えている。こうしたことを機に、武美さんとは個人的にも親しくなった。

沖文研の総合調査が一段落したあとも、毎年必ず少なくとも一度は沖縄を訪れてはいたものの、渡名喜島には、ずっと関心は持ち続けていたけれど、この島への渡島にはしばらくのブランクができてしまった。２００９年の夏、著者が勤務先の学生たち数人とともに久米島に野外調査実習に出かけ、その帰路、渡名喜島に立ち寄った時であった。役場は鉄筋コンクリートの新庁舎、港にはこの島には豪華な（失礼）埠頭ターミナルと、何もかも風景は一変していた。フェリーのタラップを降りて、学生たちのためにパンフレットをもらいに入った役場で、著者の前に現れたひげ面の男―それが武美さんだった―と偶然にも劇的な再会を果たした。二十数年前の若い職員は、村のナンバーツウである総務課長に変身していたが、お互いの顔を見忘れるわけもなく、過ぎ去った時間は一瞬にして消え失せた。それ以後は、また昔のように、彼にお世話になり彼に面倒をかけ続け、調査への協力を全面的に依存することになった。示しあわせたわけでもないのに、沖縄本島南部の奥武島で、奇しくもまたまた偶然に、武美さんとバッタリ出くわした時など、不可思議な縁とでもいうほかないものを感じずにはいられなかった。

本書はもともと、彼の定年退職を著者なりに祝うつもりで構想したものでもある。決して誇張ではなく、彼の存在なくしてはこの本はできなかった。改めて謝意を表し、退職後は新しい船を手に入れてウミンチュとしても張り切っている武美さんに、長年の協力と友誼への心よりの感謝をこめて本書をささげたい。

［著者略歴］
中俣　均（なかまた　ひとし）
1952年新潟県生まれ．東京大学理学部，同大学院修了．博士（理学）．現在，法政大学文学部教授．専攻は，文化・社会地理学，島の地理学．日本島嶼学会副会長．
近編著に『空間の文化地理（シリーズ人文地理学7）』（朝倉書店），「島に住むことに誇りのもてる離島振興を」（しま（日本離島センター）232号）など．

渡名喜島－地割制と歴史的集落景観の保全
法政大学沖縄文化研究所監修［叢書・沖縄を知る］

平成26（2014）年3月31日　初版第1刷発行
著　者　中俣　均
発行者　株式会社 古今書院　橋本寿資
印刷所　株式会社 太平印刷社
製本所　株式会社 太平印刷社
発行所　株式会社 古今書院
〒101-0062　東京都千代田区神田駿河台2-10
Tel 03-3291-2757
振替 00100-8-35340

ISBN978-4-7722-5275-1　C1025